ヒトの子どもが寝小便《おねしょ》するわけ

サルを1万時間観察してわかった人間のナゾ

福田史夫［著］

築地書館

はじめに

大学に入って間もなく、先輩に箱根《はこね》・湯河原《ゆがわら》の野生ザルを見に連れていってもらった。奥湯河原のバス停から自動車道路を歩き、広河原から右に折れ曲がって藤木川に沿った山道を歩いていくと、木々に囲まれ隠れるように天昭山《てんしょうざん》神社がある。奥湯河原から約一時間の行程である。そこは無人ではなく、堂守りをしている年寄り夫婦がいた。

おじいさんが神社の裏山でサルの餌づけをした。餌づいてから餌をやる場所を少しずつ移して、およそ三、四年かかって境内まで引っぱってきたようだ。一九五九（昭和三四）年のことである。

ぼくらは境内のカエデの木のそばにテントを張らさせてもらって、サルの調査・観察をした。雨の日にはお堂の中に泊まらせてもらった。

サルたちは毎日出てくることもあれば、出てこないこともあった。また、出てきてもわずか四、五頭だけなんていう日もあった。出てこない時は山を歩きまわった。予想していたところでうまくサルに出合えた時の喜びは、何物にも代えがたいものがあった。

サルたちを見ていると、その表情や行動が知り合いや友人に似ていたりするので、それぞれに名前をつけた。すると、観察するのが楽しくなった。これを、個体識別法という。日本で始まった方法だ。それまでは、ペットではあるまいし、サルたち一頭一頭に名前をつけて識別して観察するなどということは考えもされなかった。

サル山から帰る電車の中では、○○はどうしてケガをしたのだろうか？　△△の産んだコドモの性別は何だったのだろうか？　どうして○△の姿は見えなかったのだろうか？　次のボスは誰がなるのだろうか？などと、毎回、たくさんの知りたいことだらけであった。

面白さに魅かれて、ここには年間二〇〇日のサル観察を目指して通った。

さらに、下北半島から屋久島までの日本各地のニホンザルを観察し、台湾のタイワンザル、インドネシアの各島々のサルを調査・観察したり、アフリカのチンパンジーを追いながらキイロヒヒやサバンナモンキーを観察したり、さらには中国のキンシコウを調査することで、それまで薄ぼんやりとしか見えていなかったことが、しだいに形をもってぼくなりに見えるようになってきた。

天昭山野猿公園餌場は、神社前から下の藤木川の河原に下ろされ、一九七七年には給餌が中止された。今でも年に何回かは足を向けているが、サルの気配はなく、草木が生い茂り、ここがサルの餌場であったことを知る人はほとんどいない。

ぼくは、今は丹沢《たんざわ》山麓を週一回くらいの割合で歩いて、サルを含む動物観察をしているが、続けているうちに見えなかったものが見えてくる。それは、尾根道で初めて目にした草花であったり、これまで自分が気がつかなかった物や事柄である。それらに気がつくと、大発見したような気持ちになる。

また何よりも、ぼくの考えや書いたことに、耳を塞ぎたくなるような意見を言ってくれる友人たちに恵まれたことである。彼らがぼくの眼を開いてくれた。さらに、専門学校や大学で学生たちに授業をしたり、学生の答案を採点するようになって学生に教えられることが多くなったからかもしれない。

自分では霊長類の社会生態学が専門だと思っていたが、もう、四半世紀にわたって専門学校や大学で動物行動学を教える羽目になっている。授業のタイトルは動物行動学だが、ある時は頭骨を学生に見せて二足歩行や立体視のことを話したり、またある時はテンやタヌキの糞の分析をして動物たちの生態について話をしている。

サルの話がどうしても多くなり、学生たちに話をしていて、思わず「何だこの行動は！　ヒトの行動と同じではないか！」とか「サルではこうなのに、なぜ、ヒトでは異なるんだ！」とか「サルではこうなのに、どうして他の哺乳類では見られないのか？」などと考えることが多くなった。

本書では、授業で話していて学生たちが興味をもって聞いてくれた内容を取り上げた。というよりも、ぼくがいつの間にか熱くなって話す内容の項目を取り上げた。

ぼくはヒトと同じくらい、サルを含む動物たちを多く見てきているつもりだ。最近ニュースになる子どもの虐待や子殺し、ドメスティック・バイオレンス、あるいは幼女誘拐・殺しやダイエットなどを取り上げて、サルや他の動物たちの行動や生態と対照させ、これらの問題について考えてみた。

最近の動物研究者は、社会に対して語ることが少なくなっている。それは、E・O・ウィルソンが『社会生物学』の中で、昆虫のデータからヒトの行動や社会まで言及したことによるだろう。

その反作用のように、日本では、動物の行動や社会・生態の研究をヒトの行動や社会に置き換えて考えることが少なくなった。しかし、一方では生理・生化学実験でラットやブタを使って、ネズミでOKだからヒトでもOKだとすることが当たり前になっている。

ぼくは本書で、あえてサルを含む動物の行動、生態、社会から、ヒトを考えている。

それは、こと行動学や社会学に関しては、あまりにもヒトだけが他のサルや動物たちとは違うと考えるヒトの思い上がりを強く感じるからである。

ヒトは、この小さな地球という惑星の中で進化してきた動物である。他の動物と同じような行動がヒトでも見られるのは、ヒトはサルやあるいは他の哺乳類とも共通した遺伝子のいくつかをもって同じように進化してきた動物だと考えるからである。

そのため、言いすぎと思われる部分もあるかもしれないが、あえて問題を投げかけていると思って読んでいただきたい。

最後に、写真を提供してくださった皆様に感謝します。イラストは教え子の戸谷諭美さんが描いてくれました。丹沢を歩いていて、道に迷った彼女らを捜し歩いた日のことが、つい昨日のように思い出されます。

◎目次

ヒトのアカンボウのトイレの躾が難しいわけ

ニホンザルの母子

●動物たちの排泄スタイルはいろいろ

本厚木《ほんあつぎ》駅前（神奈川県）から早朝の宮ヶ瀬《みやがせ》行きのバスに乗る。

紅葉しかけた山並みを見ながらバスに乗って四〇分、ぼくらは土山峠《つちやまとうげ》で降りる。

堤川《つつみがわ》の橋の欄干に、サル糞がいくつも散らばっている。

宮ヶ瀬湖の西岸に沿って走る舗装道路を行くと、すぐまた橋がある。この上にもサル糞がある。シカ糞も見つける。再び橋だ。ここにも古いサル糞がある。

橋を渡ってすぐ尾根に取りつく。はじめは急だが、間もなく穏やかな尾根道となる。シカ糞がいたるところにある。湖が展望できる場所に来た。サルナシの種子と果皮よりなるテン糞を大きな岩の上に見つける。さらに一〇分も歩くと、タヌキのタメ糞がある場所だ。タメ糞の中身には、カキの種子がたくさん混じっている。ここから宮ヶ瀬尾根の猿《さる》ヶ《が》島《しま》のピークまでにもう一カ所、タヌキのタメ糞がある地点がある。

タヌキやテンなどの糞のある場所はほぼ決まっているが、サルやシカの糞はいつも決まったところにあるわけではない。

アケビの種子の入ったサル糞

エゾシカの糞

タヌキのタメ糞

後ろからついてきた専門学校の学生が、タヌキのタメ糞の写真を撮っているぼくに聞く。

「サルの糞は橋のところで何カ所にもありましたが、タヌキはどうして一カ所にまとめてするんですか?」

「サルは巣をもたないで、採食しながら移動して歩くからだよ！　それは、シカもそうだよ」

「?.?.?.?.?」

「タヌキは巣をもって、しかも家族生活をしているので、巣穴の中や近くでウンチをすると、自分の排泄物で不衛生になり病気になってしまう。だから、巣から離れたところでウンチをするんだ。このウンチをする場所は決まっていて、家族の者たちばかりでなく、他のタヌキたちも利用するようで、どうも匂いによる仲間同士のコミュニケーションの場としてもトイレが使われているようだよ」

「テンだって、巣をもちますよ！」

「テンはタヌキと違って単独生活者で、オスは交尾するだけでメスやコドモの世話はしない。メスの育児もせいぜい三カ月くらいだろう。コドモたちは生後半年もたたないうちに母親のもとから分散していく。というよりも、メスはコドモたちを攻撃して追い出すんだ。テンは、オスもメスも自分の行動域をもち、彼らは自分の行動域の境界線上に糞をするのだ。行動域が重複する同性の仲間や異性の仲間に、できるだけはっきりと自分の行動域をわかってもらいたい。そのため、目立つ岩の上にわざわざ上がってウンチするんだ！」

「エ？　そうなんですか?」

朽木や杭の上のテン糞

ベルギー、リエージュの馬車。道路に糞を落とさないようにウマの尻の下にある帆布で糞を受ける（写真提供／岸田 徹）

「だから、テンは測量用の杭の上にまで糞をするんだ」

「それはすごいですね」

「タヌキやテンのように巣をもつ動物は、巣の中にウンチをしないようにするので、ウンチを我慢して、タメ糞場所のトイレや仲間に目立つところでするんだ！　イヌやネコもそうだ！」

「では、サルたちはどうなんですか？」

「サルやシカも自分たちの行動域をもつが、タヌキやテンと違って、採食しながら移動して、巣をもたずに、彼らにとって気持ちのよい場所で休息し、寝る。そして、彼らは朝起きたら、その場でウンチをするし、休息したらそこでも排泄をする。それこそ、メスやコドモがボスにちょっと注意されたくらいで、緊張して脱糞、脱尿だ！　ウンチや小便を我慢できないのだ。言わば、彼らにとってはどこでもトイレなのだ。だから、採食しながらもウンチをすることになる。つまり、食堂やレストランでも、道路でも、映画を見ながらでもウンチをするのと同じだ」

「ヒェー、本当ですか？」

「本当だ！　君らはウマに乗ったことがないから知らないかもしれないが、ウマは歩きながらでもウンチをするんだ！　ウマもウシもゾウも、シカやサルと同じように移動・採食生活者だ！」

ぼくは、お昼の時に、発情したオスジカの「ピィー」という寂しげだがよく通る声を耳にしながら説明した。

◉――ヒトのコドモがお漏らしや寝小便をするわけ

ぼくらヒトがアカンボウの時にオムツをしなければいけなかったり、小学校低学年になっても寝小便をしたりお漏らししたりするのは、ぼくらの祖先が、サルやチンパンジーのように移動・採食生活をしていて、決まった巣をもたなかったからなのだ。

現生人といわれるクロマニヨン人のホモ・サピエンスが生まれてから、ようやく家をつくった。家

数キロ離れたシトロ村からやってきた売り子の娘たち

といっても木を組み合わせて、草木や獣の皮で覆ったものである。これでようやく定住して狩猟・採集ができるようになった。しかし、トイレはとくにもたなかった。

今でも、東南アジアやアフリカの熱帯地域では、アカンボウはオムツをしていない。垂れ流しである。

一九八九年の夏、ジャワからスマトラのパダンに行く時に、インドネシアのガルーダ航空の国内線に乗った。通路を隔てて、若く美しい女性がアカンボウを膝の上に抱いて座っていた。突然、彼女は声を出して立ち上がって、自分のサリーの上の水を慌てて床に払った。ぼくはコップの水でもこぼしたのかな?と思った。しかし、それがアカンボウのオシッコであることが、匂いですぐにわかった。

また、一九九四〜一九九七年までの三年間、タンザニアの西端にあるタンガニーカ湖に突き出すマハレ山塊国立公園で生活している時、湖畔の我が家に物売りが来た。彼女の頭の上の大きな籠の中にバナナやサツマイモが入っており、首と肩から吊った巻き布のカンガ（インドのサリー）の布の中にアカンボウがいた。頭の籠を下に置いて、ぼくにバナナやサツマイモがとても美味しいと説明しはじめた。突然、アカンボウの入ったカンガから水が流れはじめた。オシッコは彼女の足やサンダルを濡らした。が、ほとんど気にすることもなかった。ぼくも気にしないで、バナナを一房買った。

アカンボウならそんなこともあろうと思う。が、インドネシアのジャワ島の都市でも、あるいは台湾でも、四半世紀前までは道路脇で男が小便をするのは当たり前であった。北京オリンピック前の西安では、小学校高学年の女子が渋谷駅前のスクランブル交差点のような人ごみの中でしゃがんでオシッコをしているのに出くわしたこともある。

しかし、日本だって、ぼくがコドモのころは、男は街角で立ちションするのは当たり前だった。オトナの女性だって、川の土手なんかでスカートをたくし上げて用を足していたくらいだ。

つまり、ぼくらヒトは、サルと同じようにトイレなどなくても生活していけたのだ。

ヒトのアカンボウに大小便の躾をするのが難しいのは、そういうわけなのだ。難しいからオムツをしなければいけないのだ。

しかし、もともとは巣をもつ動物だった飼い犬、飼い猫はいとも簡単に覚えてしまう。ヒトのコドモのようにお漏らしなどしないのだ。

四〇〇万年前に、ヒト上科のチンパンジーのような類人猿からヒト科の猿人といわれるアウストラロピテクス属が現われ、それから二〇〇万年くらい過ぎてから最初のヒト属のホモ・ハビリスが生まれた。しかし、まだヒトの祖先は、家はもちろんのこと洞窟生活もしていなかった。二〇万年前に生まれたホモ・ネアンデルターレンシス（ネアンデルタール人）は、洞窟生活をしていたことが知られている。家をつくることができるようになったのは、ぼくらヒト（ホモ・サピエンス）が生まれた一五万年くらい前のことである。

ヒトが決まった巣（家）をもって生活するようになってから、まだたかだか十数万年しか過ぎていない。コドモが寝小便やお漏らしをしなくなるには、あと何十万年かかるだろうか？

なぜオスザルはコドモを皆殺しにするのか？

ハヌマンラングールの親子

自分のアカンボウを食べる母ウサギ

ぼくが小学三、四年の時だったと思う。当時は、農家ではなくても多くの家でニワトリやウサギを飼っていた。もちろん、食料として飼っているのであって、今のようにペットとしてではない。ぼくと二つ上の兄に、ニワトリやウサギの餌やりが家事の一つとしてあてがわれていた。

ウサギには、春から秋まで原野の草が青々している時季には、タンポポ、オオバコ、ゲンノショウコなどの草を鎌で刈り取ってきて与えた。原野が雪で覆われる冬は、干しておいた大根の葉や、豆腐屋さんから買ってきたオカラを丸く団子状に小さく固めて凍らしたものをそのまま与えた。

実家の幼稚園のウサギのさくらにコドモが生まれた（写真提供／福田真知子）

ある時父親から、ウサギがアカンボウを産みそうなので巣箱の中を見てはいけないと、強く何度も念を押された。けれども、どうも母ウサギの様子が気になって巣箱のフタをはずしてみた。枯れ草の敷き藁の上に、親指ほどの小さな赤い肉の塊のような子ウサギが五、六羽いた。それを見て慌ててフタを閉めた。

翌日、母ウサギの様子がどうもおかしい。また、こっそり中を見た。子ウサギが一羽もいない。バカなぼくは、父親に聞いた。

「ウサギのアカンボウがいなくなってしまったけど、どうしたの？」

「あれほど、見るなと言ったのがわからないのか！」

と、目から火が出るような拳骨を一つお見舞いされた。

父親から、母ウサギが子ウサギを食べたということを知らされた。

他の動物たちが何かの拍子にウサギのようにアカンボウを食べてしまうことや、あるいは育児を放棄してしまうことは、動物園の飼育係の人たちなら誰もが知っていることだろう。

こうやって自分のアカンボウを食べるのは、外敵に食べられる前に母親が自分で食べることによっ

アヌラダプラのハヌマンラングールと人々。スリランカで

て、出産後の後産《あとざん》を食べるように、次の妊娠の栄養にするために進化してきたのだろうと考えられている。

だが、野外の自然の状態で、次のようなことが起ころうとは、誰も想像していなかった。

◉――コドモを皆殺しにするハヌマンラングール

一九六二年、インド亜大陸の南西部にあるダルワールで、京都大学助手の杉山幸丸（のち、京都大学霊長類研究所長）は、ハヌマンラングール（写真はスリランカのもの）の群れを観察していた。

ハヌマンラングールは、オナガザル上科コロブス亜科のリーフイーター（葉食者）のサルで、複数のメスとそのコドモたちと一頭のオトナオスからなる単雄群をつくっている。

オスは、思春期には母親たちがいる生まれた群れから出て、オスだけの集団であるオスグループに入ったり、単独で生活する。メスは生まれた群れに残る。だから、群れはメスの血縁集団からなる母系制社会である。

杉山が観察していた群れの唯一のオスのアルファオス（ボスのこと）がオスグループに襲われて、群れから追い出され、襲ったオスグループの中でもっとも順位の高いオスが新たなアルファオスになった。

そして、新アルファオスは、その群れにいた乳児をことごとく殺したのである。

すると間もなく、殺されたアカンボウの母ザルたちは発情しはじめ、新アルファオスと交尾をしたのだ。

杉山は、自分が観察した事実が偶然に起こった異常な例ではないことを明らかにするために、実験的に他の群れのアルファオスを取りのぞいてみた。

数日間は、実験群の中のアルファオスが不在であることは、他のオスたちに気づかれなかった。が、九日目の朝になって、群れのアカンボウがいなくなったり、重傷を負っている個体が出はじめ、間もなくすべてのアカンボウが消失してしまった。

犯人は隣接群のアルファオスであった。

アカンボウを殺されたメスたちは発情し、このアルファオスと交尾した。当初はこのアルファオスは二つの群れを行き来していたが、二つの群れは合流合体した。（杉山幸丸著『子殺しの行動学』）

同種を殺すのはヒトだけか？

このことを杉山が発表すると、新アルファオスは群れの乗っ取りによって興奮しており、異常な攻撃行動を行なったのであろうと考えられた。

当時は、同種の仲間を死にいたるまで攻撃するのはヒトだけであり、ヒトだけが同種の仲間を殺す動物であるというK・ローレンツ（ノーベル生理学・医学賞受賞）の考えが信奉されていた。

確かに、イヌ同士がケンカをすると、負けた劣位個体は裏返って自分のもっとも弱い部分の咽喉《いんこう》を見せたり、あるいはお腹を見せたりする。すると、優位個体はもうそれ以上攻撃をしない。

つまり、同種の個体間では、劣位の姿勢や服従の行動があり、そのような行動をすると優位個体はもうそれ以上攻撃をしないことが知られており、ヒトだけが、相手が謝って服従の姿勢をしていても、執拗に攻撃し殺しまでしてしまうと考えられていたのだ。

しかし、現在ではチンパンジーが、自然状況下でも飼育下でも、執拗に他のオスを攻撃して死にいたらしめていることが観察されている。

各地で発見された子殺しの事実

杉山の発表後しばらくは、ダルワール地域のハヌマンラングールだけの行動と考えられていたが、

ケニア、アンボセリ国立公園のライオンのプライド（写真提供／種村由貴）

その後インドのどの地域のハヌマンラングールでも、乗っ取り後の新アルファオスによる子殺しが観察された。

この群れの乗っ取りと、その後に続く新加入オスによる子殺しと、それに引き続く子を殺されたメスの発情は、イギリス人のB・バートラム夫妻によっても、タンザニア北部のセレンゲティ国立公園のライオン（写真はケニアのアンボセリ国立公園）のプライド（ライオンの群れのこと）で観察された。

さらにはプレーリードッグに似たアメリカジリスや、チンパンジーなどのサルの仲間を含む多くの動物たちで、子殺しが観察されている。

アメリカジリスでは、前のオスが新オスによって追い出されたことを見とどけると、メスたちは我先に自分のアカンボウを食い殺すことが知られている。早く食い殺して早く発情すると、早く新オスと交尾でき、社会的立場も高まり、栄養状態がよくなり、健康な子を産み育てることができると解釈されている。

ハヌマンラングールでは、二、三年に一度の割合で乗っ取り・子殺しが見られている。

動物たちのメスは、乳児に乳首を吸われていると生理的に発情が抑えられる。新アルファオスは、乳児が離乳するのを待っていたら、メスと交尾するのがそれだけ遅くなる。メスと交尾するためには乳児を殺してメスを発情させることである。そうすることによって、新アルファオスは、何もしないでメスが発情するのを待っているよりも早く多く自分の子を残すことができると解釈されている。

妊娠したメスのマウスの飼育箱の敷き藁に、異なったオスの尿をつけると、メスは流産する

◉——マウスの興味深い子殺しと子育て

杉山のハヌマンラングールの子殺しの発見よりも少し前に、イギリスの女性動物学者のＨ・Ｍ・ブルースは、マウスでブルース効果と名づけられたメスと新オスとの奇妙な関係について報告している。

マウスでは、妊娠したメスの飼育箱からオスを取り出して、異なったオスの尿を敷き藁につけると、メスは流産するというものである。あるいは、異なったオスが使っていた敷き藁に代えると、メスは流産するか胎児を再吸収するというのだ。

つまり、これは、新しいオスとできるだけ早く交尾するために、自ら古いオスとの間の子を流産したり再吸収することによって発情を早めるのだ。

さらに興味深いのは、マウスのペアの中に、彼らの乳児を取りのぞいて他のコドモを入れてやると育児をするということだ。つまり、コドモがペアと血縁的なつながりがない場合は、問題なく育児をするのだ。

このような子殺しは、今では多くの野生動物において発見・観察されており、進化を促す性淘汰の面から議論されている。

さて、最近、ヒトが幼児虐待の果てにコドモを死なせてしまうというニュースをよく耳にする。この場合、両親の一方が殺された幼児と血がつながっていないことが多い。

ヒトの中に未だサルの子殺しのＤＮＡが残っているとも思いたくないが、耳を覆わんばかりのニュースに接すると、ヒトはサルとそう違わないのではないかと思いたくなる。なんとか新たなＤＮＡを獲得したいものだ。

お行儀のよいニホンザル

ニホンザル

整列乗車は世界の常識？

タンザニアのダルエスサラームのホテルに泊まっていた。

ある時、書類を急いでコピーしなければならなくなり、階下にあるビジネスセンターのオフィスに駆けこみコピーをお願いした。

すると、真っ白なワイシャツを着た恰幅のよい大きなインド人の男性から、「並んでいるんだ！後ろに並んでくれ！」と怒鳴られた。

見ると、左側のほうで四、五名の人たちが並んでいた。ぼくは右側のドアを開けて入ったので気が

並んで電車を待つ人々。どんな時に列が乱れるのだろうか

つかなかったのだ。当然、ぼくは「ごめんなさい、並んでいることに気がつきませんでした」と謝った。

私たちはバスの停留所で、バスに乗るために列をつくって待つ。あるいは、レストランや居酒屋でも混んでいると、順番待ちをしなければならない。この場合、知り合いがいたからと列の中に入れてもらうようなヒトがいれば、後ろのヒトたちは面白くない。後ろに並ぶように注意されることもある。

このような順番待ちは全世界の人々に共通する暗黙のルールなのだろうか？

現在の私たち日本人にとっては当然のこととして、順番待ち、整然と並ぶという行動がとれる。しかし、この整然と並んでいた状態が壊れることがある。ホームで電車を待っている時、整然と並んでいたはずなのに、電車が入ってきてドアが開いた途端、突然列が乱れて我先にと人々が乗りこむような場合だ。
整然と並んで順番待ちができる場合とできない場合、いったい何が原因なのだろう？

●――動物も順番待ちをする

ところで、動物にも順番待ちのような行動が見られるといったら、信じてもらえるだろうか？六月ごろの丹沢や箱根では、ニセアカシアの花が咲きそろい、山の斜面全体が白い真綿を被せたように見える。ニホンザルたちがニセアカシアの木に登って垂れ下がった白い花を食べている。満足げな「クー、クー」という声が樹上から聞こえてくる。

上で食べていたサルが食べるのをやめて他の木に移動する。と同時に、下から他のサルが上がっていく。一本のニセアカシアの木では、三頭か四頭が採食できるが、それ以上は無理だ。ある程度採食したら下りて、他の木に向かう。と、同時にその木でまだ食べていない個体が上がってくる。こうやって、まるで木の下で順番待ちをしているかのように、次々に樹上のサルがまるでベルトコンベアーにでも乗っているかのように入れ替わっていく。

この採食行動は、ニホンザル特有のものではない。

タンザニアで観察したキイロヒヒやサバンナモンキー、チンパンジーも、葉を食べる時に、あるいは中国やインドネシアで観察したキンシコウやシルバールトンが新葉を食べる時も、特定の個体がそ

移動・採食するアジアゾウの家族の群れ。スリランカで

の木を独占しつづけるわけではない。サルたちは採食しながら絶えず移動するのだ。果実がたくさんあっても、その木にボスが居座って食べつづけることはないのだ。

群れに所属していない単独の個体は、一本のカラスザンショウの木の上で、終日、実を食べつづけることはある。しかし、群れで生活しているサルたちは、移動し採食し、また移動し採食する。

◉──順番待ちができる動物とできない動物

サルたちは冬芽、新葉、花芽、花、実、樹皮などの植物を食べる時に、一カ所にとどまらない行動習性をもっている。サルが移動・採食集団といわれ、遊動生活をしているといわれる所以だ。

移動・採食しながら集団生活をしているウシやシカの仲間やゾウなども、サルたちと同じようにゆったり

樹上で穏やかにサクラの蕾を食べるニホンザル。下北半島で

葉を食べるハヌマンラングールの群れ。スリランカで

と移動しながら草を採食している。草食動物たちが、食物の草をめぐって争うなどという場面は見たことがない。

しかし、集団生活をしている動物でも、ライオンやリカオンなどの肉食動物たちはそうではない。仲間が仕留めた獲物を、強い個体がお腹がいっぱいになるまで独占し、弱い個体を寄せつけない。タンザニアのカタビ国立公園で見た、ハゲワシたちがウォーターバックの屍骸に群がって食べる姿は、力の強い者たちだけが食べることができ、弱い者たちは遠巻きに見ていて隙を見つけて肉を奪い取るという、無秩序のような状態であった。

この違いは、どこからくるものだろうか？

植物性の食物は、その季節が来ると、目の前にも、その付近にも、他の場所にもたくさんあるが、動物性の食物はようやく獲得した目の前にあるものだけである。

この、食物が広範囲にあって、独占が難しいか、あるいは狭い場所にあって、独占しやすいかの違いが、サルたちには順番待ちのような行動が見られるが、肉食動物では見られないということに結びついていると、ぼくは考えている。

◉——順番待ちできる場合とできない場合

ニホンザルたちの順番待ちのような行動は、積雪期の沢でも見ることができる。

雪上をラッセルしながら進むサルたち。下北半島で

サルたちは一日一回は水を飲みたい。下北半島の一月の山は湿雪が斜面や沢を埋めつくし、沢の水を飲むことができる場所は、ほんのわずか雪が崩れ落ちた隙間にできた水場だけである。

サルたちは雪上をラッセルしながら進み、沢の水場で水を飲み、飲み終わると他の個体がやって来て飲む。これも沢の水が絶えず流れていることを無意識に知っているからだろう。

このように整然と行列をつくって順番待ちができるサルたちであるが、それがいつも崩れる場があった。それは、餌場である。

ぼくがおもに観察していたサルたちの群れの一つ箱根天昭山群が天昭山野猿公園餌場に出てきて、小麦やサツマイモなどが撒かれると、みな争って餌を取りはじめる。それは、他の群れが餌場に出てきても同じであり、ヒヒ、キンシコウ、チンパンジーも餌場では争いが激しくなる。ライオンやリカオンなどの集団生活をしている肉食動物やハゲワシの採食行動と同じである。

自然に生育している植物の葉、花、果実、あるいは冬芽や樹皮を食べる時にはほとんど争いは起こらず、みな、満足そうな「クー、クー」という声を出しながら採食している。しかし、餌場では状況が一転し、互いに争って自分の場を確保して小麦を拾い、サツマイモやバナナを拾って持ち去る。

植物性の食物であるが、給餌される小麦やサツマイモの量には制限があり、狭い場所にあり、広い範囲に生えている状態とは異なることをサルたちは知っているといえる。

肉食動物たちの餌は、狭い場所にあり、食べきれないような大きな獲物であったとしても、独占しようとして仲間同士で争うことになる。それは、狭い範囲なので、他個体を追い出すことが可能だからだ。

しかし、広い範囲に無限にありそうな場合には、仲間同士の争いは起こらない。つまり、このような場合には他個体を押し退けて独占するのは不可能であり、争ってもむだであることを知っているかのようだ。

電車を待っていて、ホームで整然と並んでいたのに電車のドアが開いた途端、列が乱れて我先に乗ろう、座ろうとなるのは、空いている座席が待っているヒトたちの数よりも少ないからである。全員が座れるとわかっていたら、椅子取りゲームのような争いにはならないだろう。

我先に席を取ろうとする姿は、まるで、餌場に出てきたサルたちのようでもあり、獲物を取り合うハイエナたちのようでもある。

列に並ぶということは、自分の番になるまで待たなくてはいけない。特に都会は、ヒトであふれ、身体を接触し合わなければならないような、さまざまな非日常的な場を生み出している。まるで、サルの餌場や肉食動物たちの食事の場と同じ状況をいたる所で生み出しているのだ。

そのような非日常的な場では、サルでも順番待ちができない。

ヒトがどんな時でも順番待ちができるようになるには、自分の番がくるまで整然と並んで待つということを、物心がつく幼児の時から日常的に教えこまなければならないのだろう。

ニホンザルの譲り合いの精神

ニワトリやイヌやコドモは我先に餌を食べる

コドモのころ、家で飼っていたニワトリやイヌの餌やりをまかされていた。冬は、干した大根の葉を細切れにし、それにふすまを混ぜて少し水を加えて鍋で煮て餌をつくる。できあがったばかりの熱々の餌を鶏小屋に鍋ごと持っていくと、扉を開けると同時にニワトリたちは鍋に向かって飛びかかってくる。餌箱に鍋ごと開ける。白いハクショクレグホンや、赤い名古屋コーチンのメスや、灰色のプリマスロックのオスは餌箱に群がり、互いに突ついて他の個体を寄せつけないで独り占めしようとする。「仲良く食べな、仲良くしな！」と大声を上げる。

イヌたちもそうだ。皿の餌を食べる時は、互いに唸り合い、ちょっとでも自分が多く取ろうと嚙み合いのケンカになる。

ニワトリやイヌたちは、食事の時はケンカが当たり前だ。そして、強い個体だけが真っ先に食べることができて、弱い個体は残り物を食べることになる。

団塊の世代であるぼくのコドモのころは、食べる物を含むあらゆる物が不足していた。ぼくは三人兄弟の真ん中だったので、少ないおやつの取り合いをしたものだ。

たまに夕食後にリンゴの皮が剝かれるとじっとそばで見守り、ぼくは皮と芯をもらった。それは一番量が多いと思ったからだ。質よりも量をとっていたのだ。

腹を空かしていることが多かったせいだろう。川や沼に釣りに行った時に、その辺りの畑になっているビート（砂糖大根）やニンジンを当然のごとく盗み食いした。それも盗んだことが見つからないように、混んだ部分のビートやニンジンを抜き取り、その跡を土で埋め戻したものだ。もちろん食べかすは川や沼に投げ捨てた。

コドモはイヌやニワトリと同じで、食べ物に対してはオトナのように譲るということがなく、争うように貪り食うので、コドモ＝ガキ「餓鬼」という言葉が理解しやすかった。

ナワバリや順位の問題を考えていて、順番待ちや譲り合いの精神が生まれた要因を考えていたら、コドモのころ世話していたニワトリやイヌたちの食事シーンを思い出したのだ。

◉──ニホンザルの餌の取り合い

ようやく暖かくなってきた。斜面の木々も萌黄色に輝き、コナラやミズナラの新葉が朝日に白っぽく光っている。沢沿いの岩陰から出てきたフキノトウの頭は、ノウサギにでも齧られたのかいびつになっている。沢を流れる水の音も穏やかなあたたかさが感じられる。春の足音が、どんどんと音を立てるかのように近づいてきている。

斜面にはさまれる沢沿いの河原は、学校の教室二つ分くらいの広さがある。そこがかつて野生ニホンザルの餌場であったなどと知っている人は地元の人でもほとんどいない。学生のころから、月に何度かサルを調査・観察するために泊まりがけで天昭山野猿公園餌場に通っていたことが、つい昨日のことのように思い出される。

三頭のサルだけが餌場に出てきている。管理小屋の戸口の前にぼくが投げ与えたサツマイモの切れ端をめぐって、二頭のメスザルと一頭のコドモオスが自分が取ろうかどうしようか逡巡している。

今度は、三歳のコドモオスの近くに投げてやった。

コドモオスは口の両端を引きつらせ、泣き顔をして手を出そうとした。

二頭のメスたちがすぐ気がついてやって来たので、コドモオスはサツマイモを取ることができずに引き下がる。

二頭のメスは互いににらみ合い、互いにサツマイモを取ろうと、手を出したり引っこめたり、唸っ

天昭山神社境内の餌場でボスのジロー（中央）に威嚇される２頭のチビオス（手前）

て威嚇したり、あるいは鳴き声を上げて助けを呼んだりして、ともかく自分が先に取ろうとしている。

このメス二頭は昨年秋に初めて発情したまだ若い個体であり、群れ内の順位もまだ確定していない。本群から離れて餌場にやって来た三頭だけの小グループだ。

このように集団内の順位が明確でない個体間においては、餌をめぐって争いが起こる。

メス同士では、餌をめぐって互いに泣きっ面をしてキィーキィーと鳴き叫んで第三者の助けを求めることがあり、たいていは大きな声で鳴いたものが餌を得ることができる。もちろん、堂々と餌を取れるわけではなく、泣きっ面をしながら恐る恐る餌を取るのだ。

◉──譲るという行為

これが、オス同士なら、劣位の個体がお尻を相手に出すプレゼンティングの姿勢をして、優位な個体がその背に馬乗りになるマウンティング行動をしたのち、そのままその場から立ち去り、劣位の個体が急いで餌を得るという行動がある。

あるいは、優位の個体がプレゼンティングをして劣位個体を乗せてやり、劣位固体が餌を取ることもある。この場合、劣位個体は泣きっ面をしながらマウンティング行動をする。このように、複雑な心理的葛藤を読み解かなければならないような関係もある。これは優位個体が劣位個体に譲ることを意味する。

オス同士が、互いの力量が接近しているのを熟知している場合は、相手に餌を譲るのはたいてい劣位な個体であり、餌を優位な個体に取られる時は泣きっ面をして見守っている。餌を取った優位な個体も少し顔が引きつっており、すぐその場から立ち去る。優劣の差が大きい場合は、優位の個体は堂々と当たり前のように餌を取り、劣位の個体も泣きっ面などしないで諦めきっている。

このように、餌を相手に譲る場合、ニホンザルばかりでなくキンシコウでもチンパンジーでも、譲るほうが餌を見ながら泣きっ面をしている場合が多いのは、力量の差が少ない個体間の時だ。つまり、譲るという行動は、個体間の社会的な順位が明らかな場合にはさほど問題にはならず、はっきりしない場合には劣位個体がしぶしぶ譲ったり、あるいは逆に、優位個体が譲ったりする場合もあるのだ。

ぼくらヒトの場合、ヒトが集まるところではありとあらゆる状況において譲る行動が見られる。バスや電車で、「どうぞ！」と一緒にいる相手に席を譲り勧める。あるいは、菓子箱の中のお菓子が残り一つしかない時、それをその場に一緒にいる他のヒトに譲る。あるいは、海外旅行で、バスに乗ると見知らぬ現地のヒトたちに席を譲られたりする。

このように譲る場合は、相手が自分よりも体力がないか、年齢が上か、もしくは幼子を抱いているかなどの弱者である場合が多い。食物の場合は、相手が自分よりもたくさん食物を必要としていることがわかる場合である。

コドモオスのグシャオ（中央）と母（左）と姉（右）の泣きっ面。高順位の個体が近づいてきたので、場所をどく

自分より上位の個体の接近にちょっとびくつく。岡山県高梁市の臥牛山で

自分の子の口をこじ開けて頬袋に入っている小麦を奪い取っている母ザル。小豆島で

ニワトリやイヌたちは、食物をあるいは場所を相手に譲るなどということはない。強いものだけが食物を独占し、食べ飽きたらその場を譲る。いや違う。譲るのではなく単にその場から離れるだけだ。

さらに、サルたちの場合は、ナワバリの「先住効果」から発達したと考えられる「早い者勝ち」という習性があり、弱い個体が食べているリンゴやカキを、強い個体が攻撃して奪い取るようなことはしない。そこがニワトリなどと違うところだ。つまり相手が口にしているものは奪わないという暗黙の了解があるようだ。

だが、小豆島の銚子渓《ちょうしけい》サル園でのサル調査で、ぼくはとんでもない光景を目にした。

写真は、母親が自分の子の口をこじ開けて頬袋に入っている小麦を奪い取っているところだ。通常では起こりえないことが見られたのだ。これは、例外中の例外だ。

サルたちが野山を移動・採食している時は、前述した二頭のメスと一頭のコドモオスの間にサツマイモの切れ端の取り合いが見られたような状況は、ほとんどないと言っても過言ではないだろう。自然界ではありそうもない状況がつくられたもとでの行動である。

自然状態では、先に木に登ってサルナシを採食している時に、次の者が登ってきたなら自ずからその場を離れて、他の木に移っていく。サルにとって採食している場を譲るということは、無意識に行なわれている行動である。それは、集団生活だからだ。コドモたちは母親につき従って母親の行動を学ぶので、場を譲る行動が自然に行なえるのだろう。

●――集団生活で学ぶこと

動物たちが群れや集団で生活するのは、単独でいるより、多大な利益があるからだと考えられている。越冬昆虫たちが集団になって岩の割れ目や枯れ木の樹皮の隙間に潜りこんでいるのは、一匹で越冬するよりも集団のほうがいくらか体温の低下を妨げられ、魚たちが群れとなって回遊し、鳥たちが群れとなって渡りをするのは外敵からの損失を少なくし、カエルたちが一カ所に集まって鳴くのはメスを呼び寄せ、サルが群れるのは、食物の確保や育児を含む繁殖、また外敵からの防衛のためであると考えられているのだ。

集団生活をする動物たちは、集まることによって互いに利益を得ているのだ。

魚や鳥の群れは単なる同種個体の集合であるが、オオカミやライオン、サルの群れは個体間の関係がしっかりした社会的結合をもった集団となっている。その中でもサルは、動物食ではなく、植物食を基本としていることにより、「お行儀のよいニホンザル」で述べた順番待ちや譲るという行動の萌芽が見られるのだろうとぼくは考えている。

ぼくらが電車に乗る時の、半分混乱した椅子取りゲームのような状況では、社会的関係が無視され排除される。だが、一度落ち着くと、席に座った者は、座れなかった弱者に譲らなければという気持ちに襲われる。

サルのような集団生活者は、互いの社会的位置を知っているので、劣位個体が優位個体に譲る行動が出てきて、さらに逆に優位個体が劣位個体に譲ることさえ生まれてきている。チンパンジーでは、発情メスに限らず、劣位個体が当然のごとくに優位個体に肉という食物をねだって分配してもらっている。

いずれにしても、当然自分のほうが占有権をもっていたとしても、相手の力量、社会的位置を理解している場合には、相手に譲る行動が出てくるのだ。これが見知らぬ者同士が乗り合わせる状況においては、相手を見きわめることができないために入り乱れるということになるのだろう。

ニホンザルの群れのメンバーは、互いの血縁関係や社会的位置について知っているので、山中を移動・採食している時に問題を起こすのは、たいてい三、四歳以下のチビたちだ。思春期を過ぎたオトナたちは、互いの立場を熟知しているので争いはほとんど起こらない。

同じようなことは、ヒトの関係でも見られる。互いにどこの誰かがわかるような地域社会では、バスに乗る時、コドモたちは争って乗りこむだろうが、オトナたちは互いに気遣って乗りこむ。これはサルの群れの状態と同じである。

都会では、自分のまわりの多くが見知らぬヒトたちである。バスの中で、田舎では誰もが当たり前のようにできている席の譲り合いも、都会では車内放送をしたりポスターを掲げて呼びかけなければいけない。

ヒトが電車やバスに乗るという状況もヒトの歴史から見ると始まったばかり、サルの餌場での状況のように、非常に特殊な状況であるだろう。ニホンザルのコドモが母ザルから他個体に場を譲る行動を学ぶように、ヒトもオトナがコドモの手本にならなければならない。

サルの仲間は家がない

ナワバリにはいろんな目的がある

ナワバリ（テリトリー）とは動物に見られる空間的な占有の場であり、個体がつくるナワバリなら同種の個体の侵入に、集団のナワバリなら同種の集団の侵入に対して防衛し死守する場である。だから、当然互いのナワバリは重複しない。

動物たちのナワバリ内には、彼らの生活に欠かせない食物、水場、隠れ家、休み場、営巣場所、性行動のディスプレイをするための異性から注目される目立つ場所など、動物にとっての大事な資源が含まれている。当然、ナワバリ内の同種の異性（おもにメス）やコドモを他個体たちから守るべきも

ニホンザル

のになる。

行動域（ホームレンジ）は単に生活する空間であり、同種の仲間と一緒に、あるいは互いに時間をずらして同じ場所が重複して使われるので、ナワバリとは異なる。

動物によって、ナワバリの目的や機能は異なっている。

◉――アユとトンギョのナワバリ

初夏に川を遡上してくるアユは、餌を採る場としてのナワバリをつくる。一平方メートル内外にある石に生えているコケを、一匹だけで独占して食べるために、自分のナワバリに侵入してきた他個体を攻撃して追い出す。この攻撃は激しいので、ナワバリを形成しているアユのそばに他のアユはとても近づけない。

このナワバリをつくっているアユの攻撃行動を利用する釣りが、「友釣《ともづ》り」という漁法である。写真は「友釣り」で知人が釣ったアユと、彼が

「友釣り」で釣ったアユ（写真提供／矢部康一）

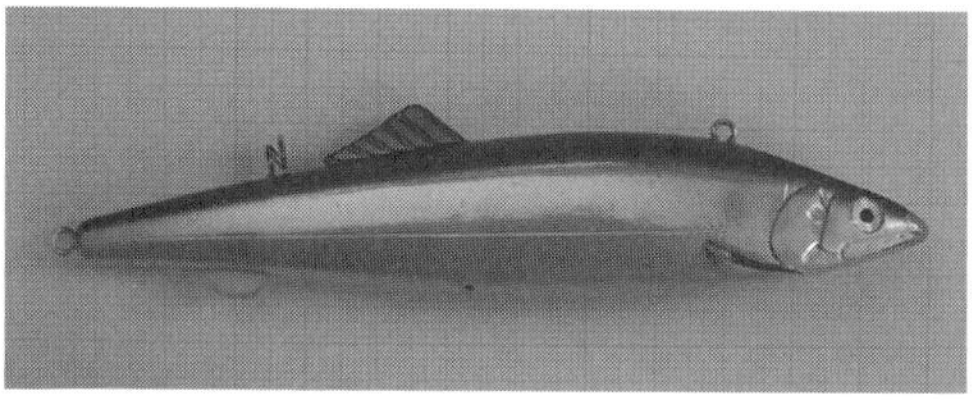

友釣り用の模型のアユのルアー

使った友釣り用の模型のアユのルアーである。このルアーの尾ビレのほうにテグスにつけた針をつけ、ルアーのアユを攻撃してきたナワバリを形成しているアユが針に引っかかるという仕組みだ。もちろん、おとり用に本物のアユを使用する場合も多い。

アユは採食用だけの、性別にかかわらないナワバリだが、ぼくがコドモのころに慣れ親しんだトンギョ（トゲウオのこと）のナワバリは、交尾繁殖用にオスがつくるものである。

釧路湿原の水が温んでくる春になると、トンギョのオスはお腹が紅色に輝き、水底に落ちている枯れ葉を口でくわえて、ピンポン玉より少し小さめの壺状の巣を、水底付近やアシなどの水草の茎にからめるようにしてつくる。その巣を中心にして半径五〇～六〇センチくらいの範囲の空間をナワバリとし、そこに入ってくる他のオスを追い払う。

お腹の卵巣が大きくなったメスがナワバリ内に入ってくると、オスはそのメスの前にスス一ッと寄っていき、有名なジグザグダンスを行ない、巣にメスを導いて巣内に卵を産ませた後、自分も巣に入って卵に精子をかけて受精させる。

その後、受精卵がある巣の入り口付近にいて、胸ビレで絶えず新鮮な水を卵に送る。ナワバリ内への侵入者があると、もちろん追い出す。

◉——他にもナワバリいろいろ

スマトラやボルネオなどの田舎に行くと、朝夕にテナガザルの「ウァーオー、ウァーオー」とまるで拡声機で流しているかのような大きな音声が森の中から響いてくる。テナガザルは一夫一妻のペアでナワバリを形成し、毎日大きな声を出して自分たちのナワバリを宣言している。このナワバリはその中で食物を採ったり、寝たり、育児をしたりするなど、生活のすべてを行なう場所である。

海鳥など岩棚などで集団で巣をつくっているコロニー性の鳥たちは、自分たちの巣だけを隣り合った巣をもつ仲間から防衛する。

あるいは、メスを誘うためのディスプレイをして、寄ってきたメスと交尾するだけの場所としてのナワバリを形成する鳥や哺乳類のオスもいる。

さらには、スズメやムクドリのように、自分たちの交尾・営巣場所を含む一定の空間をナワバリとして他のペアから防衛するが、採食に関しては誰もがそこで採食できる共有の場所をもつものもいる。あるいは、ウグイスやミソサザイなど囀《さえず》り声が目立つ鳥たちは、テナガザルと同じようにナワバリ内で交尾・繁殖・採食のすべてを行なう。

南米アンデスの四〇〇〇メートル以上の、木も生えない寒い高地に生息しているラクダの仲間のビクーニャは、変わった社会組織のバンドと呼ばれる群れをつくるので知られているが、採食場や泊まり場がバンドのナワバリとなっている。

中国の秦嶺山脈のナキウサギ。哺乳類の中でも珍しくナワバリをもつ

◉——多くの哺乳類にはナワバリがない

このように、ナワバリはそれぞれ目的に応じて存在している。

交尾のための誇示行動用、繁殖用、採食用、休息用、営巣用、泊まり場用、その他、これらすべてを含むものがある。

鳥でも哺乳類でも繁殖季だけナワバリを形成するが、終わるとナワバリをつくっていたものたちが一緒になって集団を形成するものが多い。

鳥たちには前記したようにさまざまな用途のナワバリがある。しかし、哺乳類では見通しのよい草原で生活する有蹄類や、大きな鳴き声を上げるテナガザル、ナキウサギなどにはナワバリが見られるが、大半の哺乳類には行動域は存在するが、ナワバリはない。それは、もしナワバリをつくったとしても、そのナワバリを防衛したくても防衛できないからだ。

多くの哺乳類たちは、自分たちの行動域をできるだけ自分だけの占有地にしたい。が、それはほとんど不可能に近い。

鳥たちなら高い木の梢で見張っていれば、侵入者をすぐ見つけられる。また、草原や砂漠に棲む動物なら、まわりがよく見えるから侵入者がいるとすぐわかるだろう。だが、四つ足で地面を歩かなければならない多くの哺乳類たちは、森の中で自分の行動域内に侵入者があっても気がつかないだろう。だから、尿や糞を自分と隣の個体の行動域の境界付近に排出して、ここからは自分の場所だと主張することになる。カモシカなどのように、眼下腺《がんかせん》などの臭腺《しゅうせん》から出る匂い物質を木や石につける場合もある。哺乳類の中では目のよいサルたちでも、森の中ではナワバリをもてるものではない。行動域の重複したところで争いがあるくらいだ。

ヒナに給餌しなければならないスズメやカラスのような晩成性《ばんせいせい》の鳥たちは、営巣場所だけは確実にナワバリとする。

専門学校で飼育されているマーラ。齧歯目のマーラは育児用の巣穴を複数のペアで異なった時間に利用する

晩成性の哺乳類は巣をつくる

哺乳類でも晩成性のものだけが巣や巣穴をつくり、巣を外敵から防衛する。

日本に生息するすべてのネズミたち、リスやムササビ、イタチ、アナグマ、テン、タヌキ、キツネ、クマなどの、巣で哺乳・育児を行なう大半の動物たちは、その巣や巣穴の持ち主のメスや、ペア（家族集団）が、同種の他個体や他の集団から巣や巣穴を防衛する。

例外として、巣を集団で利用する哺乳類がいる。アルゼンチンの草原に生息するウサギに似ているが齧歯目のマーラは、育児用の巣穴を複数のペアで異なった時間に利用することが知られている。しかし、巣穴内でペアがかち合った場合は、ケンカになるようだ。

いずれにしても哺乳類の巣というのは、外敵からの防衛と同じくらい、もしくはそれ以上に同種の仲間から防衛する場所でもあるということだ。

◉——サルは巣をもたない

サルは生まれた時はしばらく目が見えないし、早成性《そうせいせい》のシカやカモシカのアカンボウのように動きまわることができないので、晩成性の動物のようにも思えるが、親にしっかりとつかまることができ、生まれるとすぐ母親のお腹につかまって運ばれることは誰もが知っている。だからサルは晩成性とは言えないのだ。

さらに、サルの仲間は、ヒトをのぞいて巣をもたないのだ。

オランウータンは雨が降ると大きな葉を頭にかざして雨を避けることが知られているが、チンパンジーにしてもゴリラにしても、雨が降っても洞穴に入って雨を避ける行動すら観察されていない。

その理由は、彼らにとっては雨に濡れても大した支障にはならないからだとぼくは考えている。

しかし、ニホンザルは洞穴に入ることがある。

屋久島で、トト群と名づけられたニホンザルの群れを追っていた時のことだ。

台風が接近していた。時々雨がバラつく暴風となった。

突然、見ていたサルたちが消えてしまった。

台風のため木の根で囲まれた洞穴に入ったトト群のニホンザルたち。ボスのクシの顔が見える

台風の目に入り晴れたため洞穴から出るボスのクシ

洞穴から出るトト群のサルたち。ビデオの静止画像から

斜面の石垣を背にした大きな檻。臥牛山で

見ると、木の根で囲まれた洞穴に入っている。ぼくは、これは雨や風を避けるためではなく、恐怖から逃れるためだと霊長類学会で報告した。それは、次のようなことを観察していたからである。

一九七五年、箱根天昭山群のオトナメスのナミダが、群れに近づいていたオトナオスのマルメに攻撃された。最後にナミダは河原の岩の割れ目に入って攻撃を逃れた。

さらにもう一つ、一九八八年の岡山県高梁《たかはし》市にある臥牛山《がぎゅうざん》でのサルたちの捕獲調査の時の話だ。

斜面の石垣を背にして大きな檻がつくられていた。檻の中に餌を撒いてサルたちを捕まえた。檻の中には二九頭いたはずなのに、二六頭しか見つからない。そんなことが二、三度あった。

ある時、縦一〇センチ、横五センチもないような石垣の隙間に潜りこんでいる個体を見つけた。引っ張り出すのが大変だった。彼らは恐怖から逃れるために狭く暗い穴に入ったのだ。

晩成性のほとんどの哺乳類は巣をつくる。ヒトは巣（家）をつくるのに、なぜ他のサルは巣をつくらないのかというと、サルは毎日同じところにとどまらないで、移動・採食を続ける群れの生活を送っているからだ。

◉――ヒトはなぜ巣をつくるようになったのか

四〇〇万～二〇〇〇万年前の初期人類のアウストラロピテクスたちは、チンパンジーと同じようにオスは狩猟を行ない、メスは採集をしながらの家族生活が基本であったと考えられている。

以下は、ぼくの考えだ。

初期人類のアウストラロピテクスは、チンパンジーのハンティングに見られるように、大型草食獣の狩りをするのに大勢の男たちが必要だった。家族生活をしながらも、他の家族とつながりをもった集団をもつくっていただろう。

台風の時にサルたちが洞穴に入ったように、恐ろしい外敵から逃れるために、みんなで洞窟を利用したこともあろう。寝る時には家族は、チンパンジーの母子が一緒に寝るように、洞窟や草むらの中に一時的な草のベッドを敷いたかもしれない。食料が多くある場所では、一カ所に数日とどまって狩猟・採集生活をしていたであろう。そんな場所には、チンパンジーがアブラヤシの実を割る石を作業

アリマシがつくった囲いだけの家？　これが家の起源ではないだろうか。右端が出入り口。この中でみんなで寄り添って寝た

場に置いておくように、自分のベッドのそばに大事な道具を置いたであろう。

そのような生活と並行して、多くの晩成性でコロニー性の海鳥たちがつくる巣のように、育児をする他の家族と自分たち家族とを分ける境界をこしらえただろう。

つまり、自分たち家族だけが唯一そこで安心できてくつろげ、他の個体に侵されない場所をつくったのだ。この他個体に侵されない場所が、外敵にも侵されづらい壁がつくられ、雨をしのぐことができる現生人ホモ・サピエンスの草木や骨や皮などによる家という、さらにしっかりしたものになったのではないだろうか。

家の起源を発見！

このような考えをもつようになったのは、タンザニアでチンパンジーを追っていた時の経験からだ。

ぼくは、一九九四〜一九九七年の三年間、タンザニアのマハレ山塊国立公園でキャンプを続けながらチンパンジーを追跡していた。当初は四人のトングエの男たちが、チンパンジーを追跡するトラッカーとしてぼくの仕事を手伝ってくれていた。ある時、山中で泊まらざるを得なくなった。それぞれが自分の思い思いの場所に、寝る場所を決めて自分の荷物を置いた。

老トラッカーのアリマシ（一七〇ページ写真）が、「カリブー（いらっしゃい）フクダ！」と手招きする。見ると、彼は自分の荷物を置いている縦・横三メートルくらいを、立ち木を利用して竹竿で柵のように囲っている。ぼくは、家の起源はナワバリから発展したものだと考えていたので、これだ！と思って翌朝写真（前ページ）を撮ったのだ。中に入ってみると、簡単な柵なのに気持ちがすごく落ち着く。外界から守られているという不思議な感じになったのだ。柵の中央で焚き火をし、結局、他の三人ともこの「家」の中で寄り添って寝た。

柵だけで、屋根や壁がなければ、とても家とはいえないと

カボジュエ（ぼくの隣）がつくった屋根のない小屋と柴犬くらいのネズミの仲間のセンズイ（ケーンラット）捕獲罠を持つシャバニとカティンキラ（左端）

すぐ朽ち果てる草木でできているが、雨に備えた屋根が葺かれたゴゴルウェーの小屋

考える読者の方々もいることだろう。

その後、ぼくの助手のようになってぼくを三年間助けてくれたカティンキラは、山に詳しい義弟のカボジュエをトラッカーとして紹介してくれた。彼は、四泊のキャンプをするために、前ページの写真の小屋をつくった。この小屋は屋根がなく、柱と草壁だけだ、ぼくの隣にいるのがカボジュエだ。もちろん、出入り口の扉はある。

ぼくらの小屋のイメージからすると、かけ離れたものだ。ぼくらはまず、屋根がなければ小屋とは考えない。壁だけなら塀だと考えがちである。

東アフリカは人類誕生の地と考えられているが、この地域の乾季は、草木も土も岩もカラカラになり、夜露も朝露も降りないのだ。乾季には屋根など必要ないのである。

もちろん、カボジュエのつくった小屋のほうが、格段に居心地がよく、夜中に目が覚めてもまわりを草で覆われただけであるが、恐ろしい猛獣たちからもしっかり守られていると感じた。朝、チンパンジーを探しに出かける時には、小屋の中に荷物を置き、草葺の扉を閉めて出かけた。

その後、追っているチンパンジーの動静がある程度わかってきたので、さらに恒久的な小屋を三カ所につくってもらった。国立公園内であるので、すぐ朽ち果てる草木でつくられたが、降雨に備えた屋根がついた小屋であった。同じように柱を地面に突き立て、今度は屋根が最初に載せられた。この小屋をつくったのがムサラギ（前ページ写真後列左端）とジュマヌネ（前列右端）の父子だ。

ぼくら現代日本で生活している者からすると、このような小屋で猛獣に襲われないの？と疑問に思うかもしれない。それが大丈夫なのだ。

一カ所ばかりでなく三カ所の小屋で、ヒョウに襲われそうになったことがあった。しかし、草で覆われたドアを閉めて寝ると、二、三メートルも離れていないすぐそばでヒョウが吼《ほ》えても、怖くはなかったから不思議だ。

◉――簡単な囲いでも重要な意味がある

一九八九年の夏、ブタオザルのテレビ映像を撮るためにスマトラ島のクリンチ山の麓にいた。

餌場をつくり、そこに黒い農業用のビニールシートでカメラマンやぼくらが隠れるブラインドをつくった。前面のシートにカメラのレンズが出るような二〇センチ四方の穴を開け、ぼくらも観察でき

ブタオザル撮影のためのブラインド。カメラ用のレンズの穴はしだいに大きくなり、外からは中にヒト（ぼく）が入っているのが見える。スマトラ島で

るような、やはり五センチ四方の穴を人数分開けた。

ブタオザルたちが出てきた。目の前四〇～五〇センチのところにもいる。

が、穴が小さくて、見づらい。

写真のように、カメラ用のレンズの穴はしだいに大きくなり、上半身が出るくらいまでになった。もちろん、外からは、中にヒトが入っているのが見える。

ブタオザルたちがすぐ近くまで来ると、目と目が合ってしまう。それでもサルたちも、ブラインド内のぼくらも、外と内で動きまわれ、くつろげたのだ。

同じようなことは、車に乗っていた時も経験している。

山道でシカやサルなどの動物に会った時、窓を開けて観察することはできるが、ドアを開けて車から出ると動物たちは慌てて逃げてしまうのだ。トラックの荷台に乗っていても、動物たちは警戒はするが逃げてしまうことはない。東アフリカのサバンナの国立公園で、サファリカーに乗ってライオンやシマウマなどを見ることができることからもわかるだろう。

動物は囲いの内と外を区別しているのだ。

アリマシの柵は、ぼくらにとって心理的な安心感をもたらす囲いであり、カボジュエの草壁は、ぼくらや野生動物たちにとっては、外や中が見えない物理的障壁になっているのだ。

アリマシやカボジュエの家は、初期のヒトがつくった、家に対する考えを表わしているものだろう。つまり、自分たち家族が安心し占有する場としての囲いが、雨季の時は雨避けとしての屋根を載せ、さらなる強固な家へと発展していったのではないかと、ぼくは考えている。

●――現代人の心理的なナワバリ

定住生活をするようになった現在の私たちヒトでも、さまざまな目的をもつナワバリが存在する。ぼくが注目するのは、アリマシがつくったような心理的な場の占有だ。

お花見の季節になり、家の近くの公園や川の土手にサクラが咲きはじめると、私たちはビニールシートを敷いたり、簡単な杭を打ってロープを張ったりしてサクラが楽しめる場所を確保する。花火大会の場所取りでも、同じようなことが起こる。先にシートが敷かれていたら、そこに誰もいなくても、そのシートを取りはずして自分たちの場所にするようなことはしないし、その上に被さるように自分たちのシートを敷くこともしない。シートや杭によって、花見や花火の観賞用の一時的なナワバリがつくられているのだ。

このようなシートに座って、仲間たちと飲み食いしたことがあるだろうか？　シートという占有した場に座っただけで、仲間たちとの妙な一体感や安心感がある。つまりその場は、他のヒトたちから侵されない感じがするのだ。

ヒトの家は、風雨なども避け、他のヒトたちからも侵されない、家族が安心して過ごせる場であり、鳥類や哺乳類たちの巣や巣穴のまわりだけを防衛するナワバリの一種ともいえる。

なお、現生人ホモ・サピエンスになってから、洞窟などを家とするのではなく、草木や皮で家をつくれるようになったといわれている。同じホモ属でもネアンデルタール人は、家をつくることができず洞窟暮らしだったようだ。

つまり、ホモ・サピエンスになってはじめて、サルの仲間は家をつくることができる遺伝子をもつようになったのだ。

ヒトもトゲウオも、決まりきった性行動

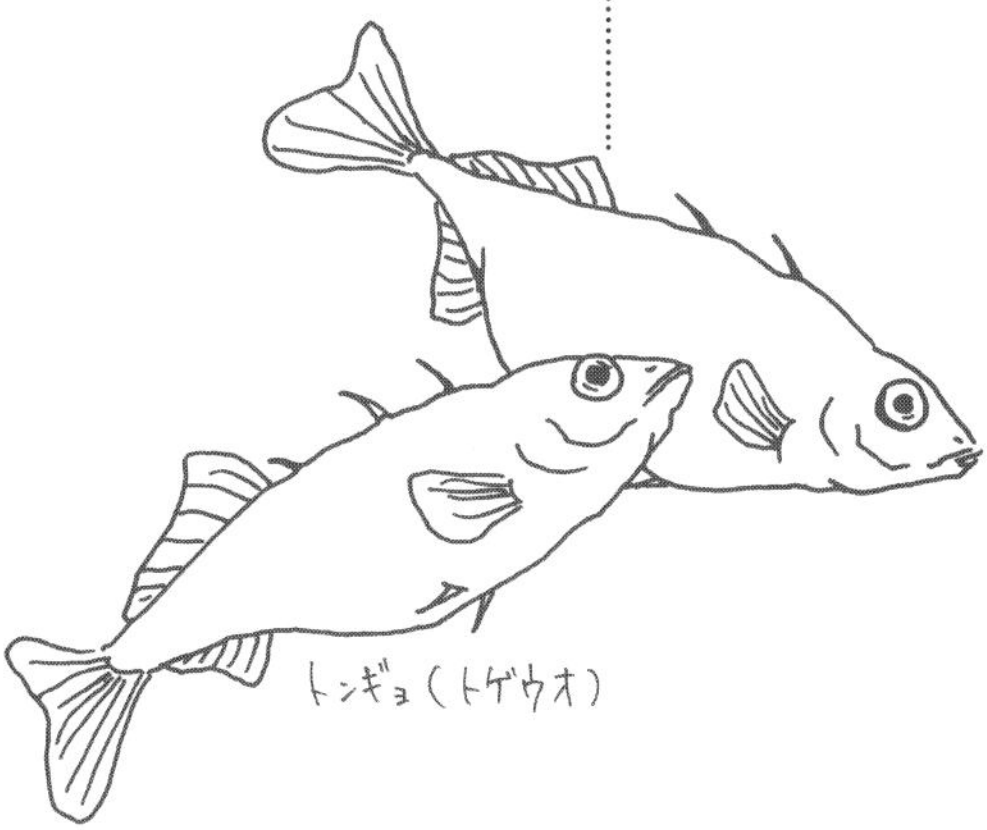

メスザルの驚くべき性衝動の解消術

岡山県高梁市の臥牛山に来ている。

サルたちの発情季も終わりかけた二月下旬である。

高梁川を見渡せる岩場の上でハナレザルのオスが一頭座って、自分の勃起したペニスをもてあそんでいる。オスは突然身体を痙攣させる。射精したのだ。彼は、胸から肩の毛にガム状になってこびりついた精液を取って食べる。

ニホンザルでは、ワカモノメスが岩肌や木の幹に外陰部を擦ったり、ワカモノメス同士が乗ったり

乗られたりを繰り返して、相手の尻に自分の性器を擦る。あるいは、ワカモノメスがオスに逆に乗って、自分の性器をオスに擦りつけるのも発情季に普通に見られるサルたちの性衝動を解消する行動である。ワカモノメスがチビオスを乗せるというのもある。

ぼくは、ちょっと信じられないメスザルの性衝動を解消する行動を観察したことがある。

屋久島のトト群と名づけられたサルの群れの調査をしていた。

群れが移動・採食を終えて休息状態になって、それぞれが互いにグルーミングを始めている。ぼくは、ビデオで誰と誰がグルーミングしているかを記録していた。

ニホンザルのワカモノメス同士

オトナオスに乗るワカモノメス

ワカモノメスがチビオスを乗せている

シカの背に乗るワカモノメス。屋久島で

シカの背で外陰部を擦るワカモノメス。ビデオの静止画像から

突然、シカの母子が現われた。

サルたちとシカの距離は一メートルもない。

シカがぼくに近づいてきたので、驚いてビデオでシカを撮りはじめた。ぼくとの距離は四、五メートルである。子ジカはケガをしているようで、右後ろ足を引きずるように歩いている。

すると突然、一頭の昨年暮れに初めて発情したばかりのワカモノメスが、母ジカの背に飛び乗ってまたがり、自分の腰を上から前へ押しつけるようにして、外陰部をシカの背で擦りはじめた。この時は、シカの背に何度も乗ったり降りたりした。

その後、この行動が三日間にわたって続けられた。

トト群が休息しはじめると、なぜかこのシカの母子がやって来て、ワカモノメスは母ジカの背に飛び乗って外陰部を擦するのだ。

◉――発情季・発情時間に異性に出合える奇跡

多くの動物たちの性行動で特徴的なことは、発情季があるということだ。

森の中、ブッシュの中、野原、川、湖、海の中、動物たちはそれぞれの場所に生息している。樹木が生い茂っている森や広い海の中で、同じ種《しゅ》の仲間の異性と出合うのは大変だ。さらに、同じ種の仲間でも、発情する時季が同じでなければ交尾することはおろか、出合うこともできない。それぞれの種には、決まった発情する時季や発情する時間帯があるのだ。

動物ばかりでなく植物もその種に決まった発情季がある。

ウメ、ジンチョウゲ、サクラ、モモというように、二月のまだ寒風吹きすさぶころから順々に花が咲き出す。モモの花がウメやサクラよりも早く咲くことはなく、開花の時季は決まっている。

動物も同じだ。

まだ氷が張りそうな寒さなのに、アズマヒキガエルはいち早く地中から出てきて、水たまりで交尾

春、アズマヒキガエルはいち早く地中から出てきて交尾し産卵する

アサガオは朝開花する

ヨルガオはアサガオと同じ仲間だが夕方開花する

し産卵する。

また、初夏の田んぼやため池で、トノサマガエルがうるさいと思えるほど鳴き、発情した二、三匹のオスが一匹のメスに抱きついて交尾しているのは、コドモのころに屋外で昆虫採集やザリガニ獲りなどをして遊んだ経験のある人なら知っている。

あるいは、アブラゼミがうるさく鳴くのは、真夏の日中なのも言うまでもないことだ。

季節ばかりではなく、発情する時間帯も同一種では同じだ。

アサガオは朝に開花するが、夕方にならないと花が開かない同じ仲間のヨルガオがあるのは有名だ。あるいは、日中の暑い草むらでギーチョンと鳴いているキリギリス、夕方にならないと鳴き出さないウマオイ、夜にならないと鳴かないカンタンやコオロギの仲間など、それぞれの動物はそれぞれの発情の季節と発情時間帯をもっているのだ。

ぼくが住んでいる神奈川県の藤沢では、最近の夏の夜はうるさく感じるほど、外来種のアオマツムシが街路樹や庭木の葉にとまって羽をこすり合わせて鳴いている。固有種のコオロギなどの虫の音など、かき消されてしまっている。

◉——発情のきっかけ

このような発情を促すものは、たとえばサクラの開花だと、冬から春にかけての気温の上昇だ。しだいに気温が上がっていくことによって蕾が膨らみ、花を開く。秋にキクの花が咲き出すのは、気温の変化ではなく、夏から秋にかけて日照時間が短くなっていくことによる。その日照時間の変化に対応して蕾ができて、開花することになる。

動物でも春になると、ヒバリがピーピーと空高く舞い上がって鳴きはじめるが、植物ばかりでなく、動物も気温や日照時間の変化によって発情が引き起こされるのだ。

このような外的環境の要因としては、気圧や潮汐《ちょうせき》、さらには秋の冷たい長雨による湿気なども発情を引き起こす要因としてあげられる。

外的環境の要因ばかりでなく、栄養や、別項「なぜオスザルはコドモを皆殺しにするのか?」で述べたように社会的な要因による生理的な変化が発情を引き起こすことも知られている。

●異性に発情を知らせるけなげな努力

さらに動物たちは、同一種は発情季が同じだからといって、発情している異性に出合うのは並たいていのことではない。自分が発情しているということを異性に知らせなければ、どこで誰が発情しているかわからない。できる限り、自分の発情を異性に知ってもらって、ひきつけなければならない。

発情したことを知らせる手段として、相手の視覚や、嗅覚や聴覚などに訴える方法がある。

セミやヒバリ、ウグイスは鳴いて相手の聴覚に訴え、トゲウオ、ウグイ、オイカワなどの淡水魚はお腹の色を鮮やかな赤色や赤紫色に変えることで自分の発情を知らせ、多くの哺乳類たちは、臭腺や尿中に混じる性フェロモンといわれる匂い物質によって異性の嗅覚に自分の発情を知らせる。

◉——オスの涙ぐましい説得行動

しかし、発情した同一種の両性が出合っても、いきなり交尾という段階には進まない。互いに交尾までの手続きの行動が必要だ。

オスは、メスが自分に興味をもって交尾へと進んでくれるように説得しなければいけない。説得とは同じ行動の繰り返しだ。何度も何度も「君の目は素晴らしい、唇が素敵だ！」と同じ行動（言葉）を繰り返すことで、メスに納得してもらうのだ。

ノーベル賞を受賞したN・ティンバーゲンが明らかにした、トゲウオのジグザグダンスについてお話ししよう。

釧路生まれのぼくにとっては、とても身近な魚だったトンギョ（トゲウオのこと）が、行動学において大変有名な魚であるなどとはまったく知らなかった。

コドモのころの野外での遊びといえば、近くの湿原の川や沼地での魚釣りであった。

トンギョは小学校低学年のコドモでも簡単に釣ることができる四、五センチくらいの小魚である。牧場の木杭や柵などについているウマの尻尾の毛を見つけてきて、それにミミズを結びつけて水中に垂らしてやるだけで、トンギョはミミズをくわえたままで釣り上がってきた。トンギョの口がオチョボ口のように小さいので、釣り針がなくても釣れるのだ。

トンギョは、背ビレがあるところにトゲが出ており、さらに胸ビレの下に左右一対のトゲがあるので、この名がつけられている。写真は釧路湿原のエゾトミヨ（トンギョの一種）で、背にたくさんのトゲがあり、発情オスの腹はトンギョとは異なり黒い。ここでぼくがコドモのころに親しんだ、腹が赤いトンギョの写真を見せられないのが残念である。

釧路湿原のエゾトミヨ。背にトゲがある。発情オスの腹は黒い（写真提供／神原佳奈美）

釧路湿原の水が温む五月下旬ごろになると、トンギョのオスは腹部が赤くなる。メスはお腹が大きくなって卵でいっぱいになる。

腹の赤くなったオスは、水草の根もと付近に、枯れ葉などでまるで小鳥の巣のようなビワの実くらいの大きさの巣をつくり、その巣のまわり六〇〜七〇センチくらいの半径の半球状の水中をナワバリとする。ナワバリに侵入するオスは攻撃される。ハゼの仲間のドンコのような魚でも、突っつかれて攻撃されることがある。

お腹が大きくなったメスがナワバリに入ると、オスはメス

の前に行き、
①ジグザグダンスを行なう。メスが身体をひねって反転しなければ何度もジグザグダンスを行なう。メスが身体をひねると、
②オスはメスを自分がつくった巣のほうへ連れていこうとする。メスがついて来なければ、何度も何度も巣のほうに行ったりして、メスを巣の場所に向かわせようとする。メスがオスに従ってついて行くと、次に、
③オスは巣の入り口を口で指し示す。メスがすぐ巣の中に入ってくれればよいのだが、入らない場合は何度も巣の入り口を示す。メスが巣の中にすべるように潜りこむと、
④オスはメスの尾ビレの根もとを口先でつつく。メスが産卵しなければ何度も何度もつつく。メスが産卵して巣から出ると、オスはすぐに巣に入って卵に放精し受精させる。

このように、オスが何度も何度も同じ行動を繰り返すのが説得行動であり、このように両性が出合ってからオスとメスが互いに協同し合って、ようやく交尾・受精までたどり着くことができる。

◉――オスザルはいかにメスの気をひくか

ニホンザルの両性の出合いの性行動の一つに、性科学者である榎本知郎《ともお》によってハインドクォーターディスプレイと名づけられているものがある。

紅葉が落ち、枯れ葉が林床に敷き詰められる一二月の発情季の真っ盛りになると、オトナのサルたちの顔やお尻は発情してスカーレット色になる。

群れのまわりでは、メスを求めて接近してきたオスたちが、自分をアピールするために尾根上に生えるもっとも大きなモミやスギなどの梢で、「ガッガッガッ！」と声を出しながら激しく木揺すりをする。

幹を両手で持ち、両足で幹を蹴るこの行動は二〇〇〜三〇〇メートル離れた対岸の斜面や尾根上からも目立つものだ。

そのように木揺すりをしているモミの木の根もと付近に、群れから抜け出した発情したメスがいる。オスは木から地面に下りると、

①メスのほうを見ながら肩を怒らし、頭を下げて威張ったように近づいていく。メスの前まで来ると、

②メスの顔をのぞきこみ、

③口をパクパクさせるリップスマッキングをして、

④急に跳び上がったように反転して、尻をメスに向けて立つ。この動作はまるで歌舞伎役者が見得を切るようなものだ。それから、

⑤肩を揺らしながらメスから遠ざかり、

⑥メスにスカーレット色に染まった尻や睾丸の性皮を見せて立つ。

⑦さらに遠ざかり、メスに背を向けて座る。

メスがこのオスに魅力を感じたならば、オスのほうに向かって小走りで進み、座っているオスから離れたところに座る。すると、オスは再び①〜⑦の行動を繰り返す。

最後には互いが背中合わせに座り合うことになり、オスはメスの腰の辺りを押し上げるようにしてマウンティングし、交尾する。

さて、トンギョの場合は、メスに対して①〜④の行動を一つずつ何度も何度も繰り返すが、ニホンザルの場合は①〜⑦の行動をセットで何度も繰り返す。いずれの場合も、メスがそれに対応した行動を取ってくれなければ交尾・放精（射精）と進まない。

◉――ヒトもトゲウオも、決まりきった性行動

N・ティンバーゲンは、トゲウオのオスやメスの模型（モデル）を使って、一連の性行動を引き出す実験を行なった。これはあまりにも有名な実験なので、テレビでご覧になった方もいるだろう。

メスのモデルは、図aのように片側下半分が大きいものだ。このモデルを発情してナワバリを形成したオスのそばに入れてやると、オスはモデルメスの前でジグザグダンスをして、巣のほうに導こうとするのだ。

さらに下半分を赤く塗ったオスのモデル（図b）を使って、発情してお腹が大きくなったメスの前でジグザグダンスをしてやると、メスは身体を反転させ人工の巣に入り、さらにメスの尾ビレの根も

とをガラス棒などでつついてやると、産卵までさせることができるのだ。

このように性行動というのは決まりきった行動であるので、モデルを用いてもトゲウオのオスやメスの性行動を引き出すことができるのである。

「トゲウオはやはり下等ですね」という学生の声。

「エ！　ヒトの性行動だって同じだ！」

「ぼくは、少なくともモデルなど使って性行動をしませんよ！」と、学生が言う。

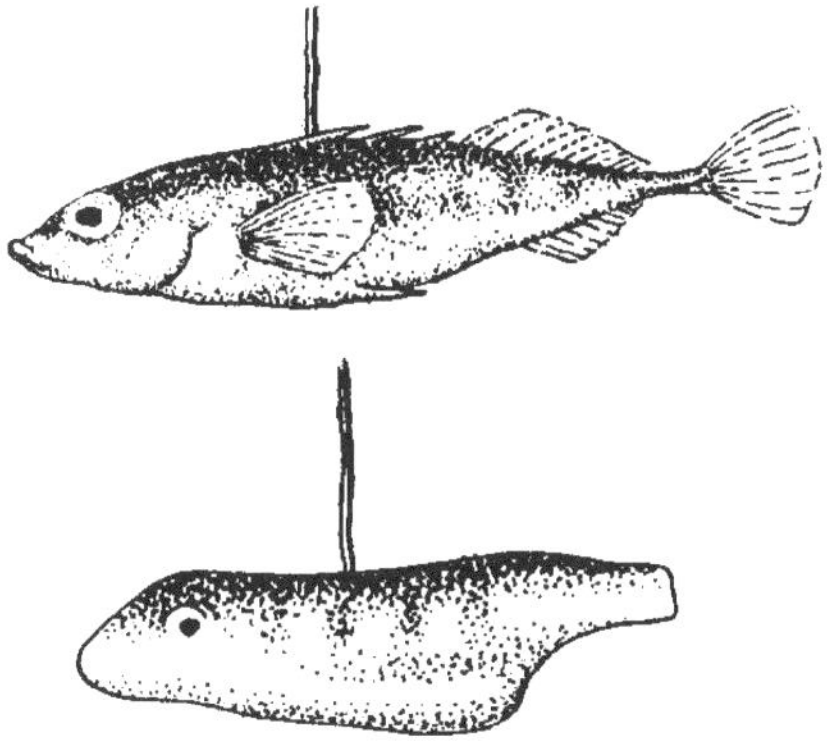

図 a トゲウオのメスのモデル
（Tinvergen, N. 1951 より）

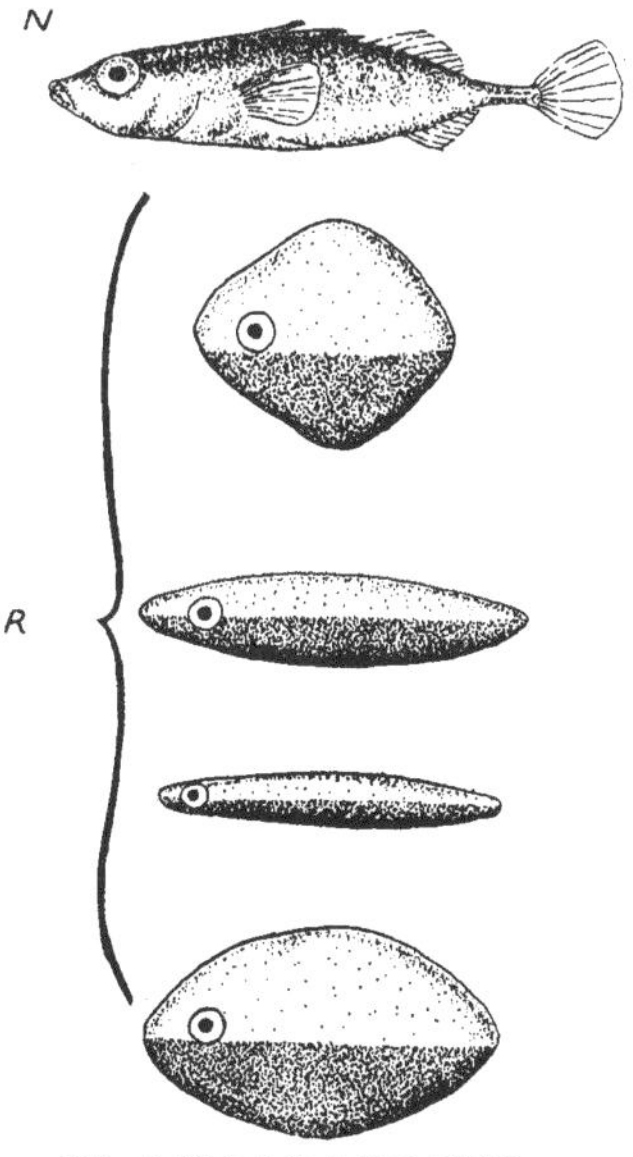

図 b トゲウオのオスのモデル
（Tinvergen, N. 1951 より）

「君は、マスターベーションをしていないのか?」

男たちが自分の部屋に女性の水着姿の写真を貼るのも、週刊誌に女性の写真や漫画が載っているのも、さらにはネットでアダルトサイトがはびこり、新宿の性産業が繁盛するのもすべて、モデルを用いて性衝動を解消するためであり、冒頭で述べたオスザルや、屋久島のシカの背で外陰部を擦ったワカモノメスと同じなのだ。

性行動は、その種に特有の、決まりきったステレオタイプの行動なので、モデルを用いて解消することができるのだ。これが自然界では雑種ができづらいことにもつながっている。

これが性的欲求ではなく食欲ならば、解消するにはモデルではお腹が満たされないので、逆にさらにお腹がすくだろう。

チンパンジーの結納金

◉――コドモの真似をして餌をねだるメスのスズメ

小学校三、四年のころだっただろう。庭にいつもやって来るスズメを、何とかして捕まえたいと考えていた。

当時のコドモたちのやり方は、大きなザルにつっかえ棒をして、ザルの下にお米を撒き、スズメが米粒をついばむところを、つっかえ棒に結んだ紐を引いて、捕まえるというものであった。だが、これでは一度も成功したことがなかった。

お米にやって来るスズメたちを見ていて、面白いことに気がついたことがあった。

それは、根雪が残っている三月下旬ごろ、まだスズメがヒナを産むわけはないのに、身体の大きさが同じくらいのスズメが羽を震わせ口を開けて、他のスズメから口移しにお米をもらうことであった。

当時は、あの甘えたようなしぐさのスズメは、前の年に生まれたコドモだろうと思っていた。

ニワトリの世話をしているもう少し賢いコドモなら、前の年に生まれたコドモが親に餌をねだることなどないことは知っている。スズメよりも格段に大きいニワトリでさえ、孵化《ふか》して半年たつともう成鳥であり、メスなら卵を産む。

2羽のスズメ。右後ろのメスが羽を震わす

しかし、ぼくは甘えるように羽を震わせるのはコドモだと考えていた。あの甘えたように羽を震わせて餌をもらっていたのはコドモではなくオトナのメスだということを知ったのは、大学に入ってK・ローレンツなどが書いた行動学に関する本を読んでからだ。

◉——動物たちの恋のかけひき

動物たちの性行動は、非常に興味深い。

ボスに攻撃され噛まれるメス

発情して、異性を自分に魅惑して誘引し、さらに異性を説得する。

この時、オスやメスの姿・形が似たような動物では、オスが高らかに恋の歌を歌っているところに、「あなたは素敵だわ!」とばかりにいきなり近づいていくと、オスはメスを同性のオスと間違えて攻撃することになる。

この攻撃を避けるために、軽く身をかわすようにする。このオスの攻撃を「こわーい!」とばかりに逃げると、追いかけられて、さらなる攻撃を加えられてケガをすることになるのだ。あるいは「何するのヨ!」とばかりに反撃すると、さらに攻撃されることになる。

この兼ね合いが「恋のかけひき」の一つであり、メスたちがもっとも多くケガをするのも、発情していきりたったオスたちに攻撃される発情季である。

発情しているオスからの攻撃を積極的に避けるために、メスはコドモのような音声や動作をする。そうすることでオスの攻撃行動を弱めさせ、避けることができるのだ。

これは、何もスズメなどの小鳥たちに限られた行動ではない。

哺乳類でも、発情したオスとメスでは、メスのほうが転がったり足をばたつかせたり、チョコチョコ尻尾を振って走ったり、泣き顔をしたり、駄々をこねたようにに伏せてみたりして、同じ動物のアカンボウやコドモが行なうような行動をするのだ。

これは「甘えの行動」と名づけられている。

「あ！」と、これに関して思い当たる女性が多いかもしれない。

「なぜ、好意をもつ男性の前では、甘えたしぐさや声になるのだろう？」と考えたことがあるのではないだろうか。

また、男性のほうも「女性に甘えられると弱い」と、感じているのではないだろうか？

◉交尾にいたる最後のステップ

さて、発情したオスとメスが出合って、最後に行き着くところが交尾・受精となるわけだが、その前にもう一つのステップを踏まないと交尾まで進めない動物たちがたくさんいる。

そのステップとは、ぼくがコドモのころ見た、甘えたスズメが餌をもらう行動だ。つまり、オスからメスへの給餌行動だ。これがあってようやくメスは交尾ＯＫとなり、オスが待ちに待った交尾へと進むことができるのだ。

写真は、丹沢山麓の早《はや》戸《と》川《がわ》沿いで見つけたガガンボモドキの仲間だ。見てわかるように、蚊を巨大にしたような昆虫だ。

ガガンボモドキの仲間

ガガンボモドキのオスは、性行動の時に、捕まえた餌となる昆虫をメスに与える。この餌が大きくて美味しいものならメスとの交尾時間は長くなるが、小さいものだと交尾時間は短くなるようだ。メスは、オスが持っている餌の質と量によって、そのオスとの交尾時間を決めているのだ。

交尾時間が長ければ長いほど、十分な数の精子をメスに送りこむことができるが、そうでない場合は、ほんのわずかな卵しか受精させることができない。

チンパンジーのオスが狩りによって獲物のレッドコロブスを捕まえると、そばに寄って来た発情メスに対してしぶしぶ肉を分け与えることが多い。

メスは自分の発情した性を売り物にして、オスから肉をもらっている。性行動・生殖を研究している榎本知郎は、一種の売春だと述べている。

オスに肉を分けてもらおうと待っている発情メスのチンパンジー

写真は、タンザニアにあるマハレ山塊国立公園で撮ったものだ。左の発情したチンパンジーが、レッドコロブスを捕まえた手前のオスのところに寄って来て、肉を分けてもらおうと待っている。

動物のオスたちを気の毒だと思わないでほしい。同じ行動が、ぼくたちヒトでも行なわれているのだ。

◉——動物の婚資とヒトの結納金

ぼくはマハレ山塊国立公園の新しいチンパンジーの群れをヒトに慣れさせるために、タンガニーカ湖湖畔で三年間、現地のトングエの男たちと一緒に山で生活した。

彼らは三人まで妻をもつことが許されている。しかし、一緒に生活していた男たちの大半が、一人しかもっていないか、独身であった。

好きな女性ができると、彼らはぼくにお金を貸してほしいとやって来る。「フクダ！　ナタカ　ペサ　キドゴ（お金が少しほしい！）」（この言葉は、何度も言われたので、一五年たった今でも覚えている。）

彼らは結婚する時に、相手の女性の家、つまり女性の両親へ、塩やヤギ、ニワトリなどをプレゼントしなければいけないので、お金がかかるとこぼしていた。

トングエの男たちが結婚を決めた女性の両親へプレゼントする物を、文化人類学用語では「婚資《こんし》」という。ぼくら日本人も他の国々の人々も、結婚を申しこんだ女性の家へ、結納金という婚資をプレゼントするのだ。

一人だけでは婚資を払えない、あるいは婚資を払うと財産がなくなる、さらには一人の男が一人の女性を養えなかったり、女性が極端に少なかったり、財産が分散するのを嫌う社会では、兄弟たちで一人の女性と結婚するような一妻多夫制となっているヒマラヤ山麓のような地域もある。

◉――メスがオスを選ぶ場合・オスがメスを選ぶ場合

婚資（＝交尾前の給餌）は、ヒトだけでなく、スズメを含む多くの鳥たちで行なわれる。

この交尾前のオスからメスへの給餌が見られない動物では、メスは、求愛の相手として、豊富な食物、良質な営巣場所や隠れ場所、よい水場などの資源のある行動域やナワバリを占めるオスを選ぶことになる。これも異性間選択の一つだ。

また、メスが交尾相手のオスを選ぶような動物では、メスに選んでもらおうと目立つ音声を発したり、きれいな羽をもったりするオスが多い。

一方、メスがオスを選ばない場合は、オス間の争いで勝ち残ったほんの少数の優位なオスが多くのメスと交尾することになる。これを同性内選択という。

この場合は、オスからメスへの給餌はなく、優位なオスは当然のごとくメスと交尾する。

ニホンザルやチンパンジーなどの狭鼻下目《きょうびかもく》のサルたちや、シカやゾウアザラシの仲間を含む多くの哺乳類では、オス同士がメスをめぐって争い、少数の勝者だけが交尾に参加する権利をもつことになり、メスは一方的に優位なオスと交尾せざるを得ない。

こうなると、オスからメスへの交尾前の給餌は必要なくなる。

◉——ヒトはメスがオスを吟味する？

では、ヒトは狭鼻下目のサルの仲間なのに、どうして婚資が見られるのだろうか？

それは、ヒトは、交尾相手のメスをめぐってオス同士で争うのと同じくらい、ヒト化への道を歩みはじめたアウストラロピテクスの家族生活の時から、メスたちが交尾相手のオスのさまざまな能力を注意深く吟味してきたからだとぼくは考えている。

狩猟・採集生活の時代は、オスたちが属する家族の資源はほとんど差がなく、メスや家族に美味しい肉を持って来てくれるオスの狩猟能力が、メスの判断基準だったに違いない。狩猟能力で選ばれたオスたちは、メスやその家族にできるだけ大きな獲物を獲ってきて、自分の能力を見せたことだろう。

それは、大型類人猿にも大半の狭鼻猿《きょうびえん》の仲間にも、オスからメスへの給餌行動が見られないのに（その萌芽として、オスのチンパンジーによるハンティングした獲物の発情メスへの分配がある）、ヒトにだけ見られる理由であると考えられる。

最近は、婚資があろうとなかろうと、若いヒトオスの婚活は大変らしい。

婚資よりも、性格などの人柄が重視されているようだ。まずは、コミュニケーション力を身につけることだろう。

サルはこうして仲間の絆を強める

何でも一緒のキンシコウの家族

中国にある秦嶺《チンリン》山脈の国立陝西周至《シャーシーチョウジー》自然保護区のキンシコウの調査に参加して、四年目の三月だった。百皇廟《ユイファンミィアオ》村の楊《ヤン》さん宅を、西北《シーベイ》大学の研究者たちと一緒に朝七時半に出た。一時間も歩くと餌場の谷間に着く。自分の観察場所を決めて、持ってきた羽毛のズボンを履き、羽毛服を着て準備完了だ。歩いていると汗が出るくらいだが、じっとしていると底冷えがしてくる。

準備が終わって一時間もしないうちに、チンスウホー（金絲猴《キンシコウ》）の群れが北の斜面から下りてくる。

大学院生の郭《グウオ》君が、楊さんの奥さんがニワトリに餌をやる時のように、「ロォーォー、ロォー、ロォ

一緒に採食する親子ザル

キンシコウの単雄群。彼らはシンクロナイズされたように同じ行動をする

ーォー、ロォー」と叫びながら小さく切った大根を撒く。サルたちは谷間に下りてくる。

キンシコウの群れは、ニホンザルの群れとは違って、二〜五頭のメスとそのコドモたちに一頭のオトナのオスを一つの社会とする単雄群が複数集まったものだ。それぞれの単雄群のメンバーは何をするにも一緒だ。

ある単雄群の個体が八頭いたとすると、三頭だけ餌場に出てきて五頭は斜面で休んでいるなんていうことはない。二頭が移動を始めて、斜面の木に登って採食を始めたら、他の六頭も数秒ずれるが、まるでシンクロナイズされたように同じ行動をする。だから、一頭だけ別行動をするなんて見られないのだ。団体行動に特化した連中だともいえる。

写真は、樹上でひと塊になって休息している単雄群だ。四頭のオトナのうち、右から二番目がこの単雄群の唯一のオスで、他の三頭はメスだ。一、二歳のチビたちは他の単雄群のチビたちと遊んでいるのでここにはいない。三歳になるともう単雄群から離れることは少なくなる。チビが単雄群から離れるのは、オトナが休息している時だ。オトナたちは、三〇分採食して一時間以上も休息する。

キンシコウの単雄群は、母娘とそのコドモたちの母系血縁集団だ。彼らの間には母娘、姉妹のしっかりした血縁の結びつきがある。一頭いるオスとは性的結びつきがあり、さらにメスやコドモたちはオスと親和・信頼関係で結ばれる。

キンシコウの単雄群のメンバーは、一、二歳のチビをのぞいて、移動・採食・休息は直径三〇メートルくらいの空間の中で、みなシンクロナイズして一緒に行なっている。

◉——ちょっと違うニホンザルの家族の行動

では、ニホンザルはどうだろうか？

ニホンザルの群れは、複数の血縁関係で結ばれたメスとコドモたちの集団に、他群から入ってきた数頭のオスがいる複雄群である。もちろん複数の血縁集団とはいっても、姉妹や従姉妹《いとこ》関係なのでみな同じ血縁だ。

キンシコウの群れは複数の単雄群からなっており、長女の家族、次女の家族がそれぞれの単雄群を形成している。だから、キンシコウでは一つ一つの家族で一頭のオスを雇っている。雇っているという表現は、メスたちが群れのオスの存在を認めていると考える研究者が多くなったからだ。単雄群間には優劣関係がある。ニホンザルでは長女家族、次女家族や従姉妹家族の全体で複数のオスたちを雇っており、家族間にも優劣関係がある。

ニホンザルも群れ全体として、移動・採食・休息をほぼシンクロナイズして行なう。もちろん、ここでも二、三歳以下のチビたちは別だ。彼らはオトナが休息している時にも、じっとしていないで遊んでいる。

キンシコウでは一つの単雄群が何でも同時に同じことをし、狭い空間で採食・休息をする。しかし、ニホンザルでは、群れ全体で同時に同じことをするが、狭い空間で採食できるのは、同じ母子のもっとも血縁が近い家族関係の場合だけだ。採食しているところに他の優位な家族の個体が来たならば、その場を明けわたすことになる。

あるいは、食物が少なく採食する場所がない場合には、劣位の血縁集団や一、二歳の小さなコドモの同性のものたちは、まとまって他の場所へ移動する場合がある。つまり、ニホンザルの家族集団やコドモの同年齢集団は、キンシコウのチビたちのように、他の家族集団とともに全員同時に行動しないことがあるのだ。

◉――母子の絆が強い哺乳類の集団

次ページ上の写真は、南アフリカ共和国のマディクウェ・ゲームリザーブのインパラのメスだけの

南アフリカ共和国のマディクウェ・ゲームリザーブのインパラのメスグループ

アフリカゾウもメスでグループ（家族群）をつくり、一緒に移動し採食する（写真提供／兵頭陽平）

グループである。このグループのメスたちは血縁関係で結ばれている。一緒に移動し、ほぼ同じものを採食している。これは、アフリカゾウも同じである。

イギリス生まれの動物学者のイアン・ダグラス・ハミルトンは、セレンゲティの数百頭のゾウをマーキングして、その社会関係を調べた。

アフリカゾウの社会の基本単位は、家族群と名づけられたメスとコドモたちの集団で、家族群が集まって血縁群を形成し、さらに血縁群が集まって大きなクラン（部族群）を形成する。いずれの集団においても、最長老のメスがリーダーシップをとって採食場や水場への移動を決めている。オスは八歳前後で生まれた家族群から出て放浪する。

インパラもアフリカゾウも、キンシコウやニホンザルと同じようにメスとそのコドモたちよりなる集団が、一緒に移動しながら採食し、休息するのだ。この血縁集団は哺乳類の特性を反映したものだ。つまり、生まれ落ちた時から、メスはずーっと母親と一緒であり、母娘の絆が集団の基本となっている。

血縁関係という絆が強いから一緒に移動・採食・休息をするのだろうか？

◉——オスたちのシンクロ行動

ニホンザルでもキンシコウでもインパラやアフリカゾウでも、オスは生まれた集団・群れから分散

キンシコウの単雄群。右から２番目の大きな個体がオトナオス

するが、ゾウ以外ではオスたちが集まってオスグループを形成する。

キンシコウでは五〇頭を超えるオスグループまで存在するのだ。この集団のオス同士の間には血縁関係はないにもかかわらず、オスたちも移動・採食・休息はみな同時にしているように見える。しかし、集団をまとめているのが、順位と強い個体に従うリーダー・フォロワー（親分・子分）関係なので、強い個体が病気やケガで弱るとすぐその関係は逆転する。そのため個体間の関係は非常にルーズであり、さまざまなサイズのオスグループがたくさんあるので離合集散を繰り返す。オスたちは絶えず相手の動きをうかがい、互いに親密な関係を築くのは難しいのだ。

アフリカゾウやインパラは、基本的にはメスとコドモの血縁集団であり、メスが発情するとオスが入りこんできてメスと交尾する。しかし、メスの発情が終わると、オスはメスとコドモの集団から離れていく。当然、オス・メスの結びつきは性的なものだけだ。

一方、キンシコウやニホンザルでは、メスとコドモの集団に季節を問わず年中オトナオスがいる。このオトナオスもメスたちと気持ちを合わせるかのように、発情季ではない時季も移動・採食・休息を一緒に行なっている。しかも、休息している時にはメスたちと互いにグルーミングし合っている。

ニホンザルの群れには、群れに接近しているワカモノオスがいる。このオスたちは、群れの個体とはまったく血縁関係も性関係もない。しかし、このオスたちも群れのメンバーとシンクロナイズするように移動・採食・休息を行なっている。

群れにいるオスや接近しているワカモノオスも、群れのメンバーと同じことを同じ場で同時に行なうことで、互いに親和的関係が芽生えて、無意識のうちに仲間関係が強固になるのだと、ぼくは考えている。

●――ヒトの家族はいかに？

さて、ぼくらヒトの場合はどうだろうか？

家族とは名ばかりで、ただ同じ家に住む者たちのような関係になっている場合が多い。

お父さんは早起きして一時間半かけて会社へ行き、帰ってくるのは八時過ぎだ。

コドモは一人で朝食を食べ、学校へ行く。放課後は、家にも寄らずまっすぐ習い事や学習塾通いだ。

お母さんは、友人たちとの集まりやカルチャースクールに出かける。おじいちゃんやおばあちゃんは、別のところで暮らしている。夜、帰宅するのもバラバラ、寝るのも各部屋でバラバラだ。コドモが小学校に入学するころから、夫婦が互いに会話することも少なくなっている（もちろん、そんな家庭ばかりでないことは重々承知している）。

これでは、家庭崩壊が起こるのは当たり前だ。

家族はたいがい血縁関係があるはずだ。サルでは同じ血縁や群れの個体同士が、行動をシンクロナイズすることによって、互いの絆が深まっているのだ。

ぼくらも、学校や町内、会社で、遠足や旅行、運動会などの行事があって、みんなで一つの目標に向かって動くと、その後のクラスや町内の仲間関係はしっかりまとまったものになることを経験している。

◉──食事を一緒にとることが家族の絆の第一歩

さらに言うならば、サルたちのシンクロナイズされたような移動・採食・休息の中でも採食行動は特別だ。ニホンザルの場合、メスのすぐそばで一緒に採食できるのは、もっとも血縁が近い関係の個体だけだ。他の個体がそばに来ると、その場を譲るか追い払う。

ぼくらは誰もが知っているように、家族とは一緒に食事をする。学校や組織の仲間であっても、親しい気持ちをもっているヒトと食事をしたい。嫌なヒトとの同じテーブルでの食事はお断りだ。親しいから一緒に食事をし、一緒に食事をすることでさらに親密になる。一緒に食事するというのは親しさを推し進め、絆を強める大きな力となっているのだ。

「同じ釜の飯を食った仲」というような親密な関係を意味する言葉もあるように、一緒に同じものを食べると、いやが上にも親しい関係になるのだ。

朝食はバラバラ、昼食はそれぞれの会社や学校で、夕食時にも家族全員がそろっての食事はめずらしい。通勤、通学、習い事などがあって、それぞれの場での食事会・呑み会がある。

これでは、家族のメンバーが互いに理解し合ったり、より親密な関係を結ぶのは難しいだろう。血縁関係さえあれば、何もしなくても親子、兄弟姉妹は強い絆で結ばれる、などということはありえないのだ。

今のぼくらが家族の絆を大事にし、さらに一人一人の個性を大事にした生活を実現するには、一緒に食事をすることだ。もちろん寮住まいや単身赴任で、家族全員がいないこともあるだろう。でも、家族が一つ屋根の下で生活しているのに、一日一回の一緒の食事、一週間に一度の二時間以上の食事も難しいならば、家族そのものの意味がなくなってしまう。

食事を一緒にとることとしか、今の日本の多くの家庭では、家族全員でシンクロナイズして行動する機会がない、ということを肝に銘じるべきだろう。

サルは痛みを感じない？

サルは入れ墨の痛さよりも餌を優先

箱根天昭山群のサルたちを観察しはじめて間もなくの一九六八年の五月、個体識別を確実なものにするために、顔に入れ墨をすることになった。犬山の日本モンキーセンターに出向いて、その方法を習った。それは、木綿針を一二〜一三本束ねて、墨をつけて、顔面に骨まで当たるように突き刺すという手荒なものであった。

捕獲檻には輪切りにしたサツマイモを置いた。サルたちがサツマイモ欲しさに檻に入った。三人がかりでサルを押さえ、ぼくが頭を押さえて顔に針を突き刺した。血が滲み出て墨と混じった。サルと

入れ墨の痛さよりも、サツマイモ欲しさに檻に入るニホンザル

格闘しているようであった。

入れ墨が終わって、サルを放すと、勢いよく一〇メートルほど飛び出てから、ぼくらのほうに口を開き、頭を下げ、肩や腕の毛を逆立ててにらんだ。これはオスの行動である。メスは放した途端、林の中に飛びこんでいった。

入れ墨されている時は、サルたちは声一つ立てなかった。

一頭が終わると、再び捕獲するために、檻の中に餌が置かれた。すると、すでに入れ墨をしたサルが、他個体を押し退けて何度も檻に入ることがあった。

ぼくらは、サルは入れ墨される痛さよりも餌の魅力のほうを優先することに驚いた。

しかし、彼らは痛さと恐怖で、脱糞や脱尿をしている。その痕が檻の中に必ずあった。当時は、麻酔注射はおろか、捕獲許可さえ取らないで行なっていたのだ。

◉──腹から出た腸を抱えて歩くサル

さらには、こんなこともあった。メスザルのベラが、お腹から出た腸を抱えて餌場に出てきた。小麦を拾う時は、腸を地面に下ろして食べた。群れが移動する時は再び腸を抱えて歩いた。

ぼくら人間だったら、そんな状態になったらショックと痛さで気絶してしまうか死ぬだろうと思えた。

ぼくらは彼女を捕まえ、獣医に連れていった。獣医から戻ったベラは、管理小屋の中でダンボール箱に入れられた。お腹は縫われて塞がれていた。連れて来られてから苦しそうな呻き声を上げていた。みんなでスポイトで水を飲ませたりしたが、翌日の朝、ベラは死んでいた。

獣医に行く前のベラは、ゆっくりした動作ではあるが、腸を持ち上げ、抱えて移動していた。痛みで唸り声を上げることも鳴き叫ぶようなこともなかった。

また、グシャオ（四一ページ、一八九ページ写真）は、一歳の時に、上顎から鼻にかけて顔を嚙み取られた。鼻があったはずの目と目の間に鼻の穴が露出し、上顎が上唇とともにえぐり取られて、小さな赤い舌が見えていた。

この容貌からグシャオと名づけられたのだが、ぼくらなら気絶しているか死んでいるかもしれないのに、彼は痛さを感じないようで平気で動きまわっていた。

◉――サルは肉体的な苦痛では鳴き叫ばない？

入れ墨に対する痛みにも、腸がお腹からはみ出している痛みにも、顔面をえぐり取られた痛みにも、サルたちは苦痛の声を出さなかった。痛さを感じているはずなのに、彼らは痛みで鳴き叫ぶようなことはしないのだ。

なぜ、サルたちは苦痛の声を上げないのだろう？

苦痛の叫びを上げることはあるのだろうか？

それはどんな場合だろうか？

天昭山野猿公園餌場にサルたちが出てきている。

ほとんどのサルたちが日向でグルーミングし合ったり、うとうとと目をつむっている。落ち着いた静かなサルたちの休息時間である。

突然、メスの「フギャー、ギャー」と、鳴き叫ぶ声が静けさを破った。

鳴いているメスの横にボスがいて、片手をメスのお尻に乗せている。鳴き叫んでいるメスは地面にうつ伏せたようになり、脱糞、脱尿しながら身体を震わしている。

このメスは肉体的な苦痛を受けて鳴き叫んでいるわけではない。恐怖という精神的な苦痛で鳴き叫んでいるのだ。このような苦痛にゆがんだ叫び声は、野生のニホンザルばかりでなく、ヒヒやチンパンジーでも日常的に見られる。

なぜ、痛くもないのに鳴き叫ぶのだろうか？

もちろん、鳴き叫ぶのはボスの長い犬歯で噛まれるとひどいケガを負うことがわかるから、鳴いて許しを請うているのだ。

つまり、鳴き叫ぶことで肉体的な痛みを回避できるなら、鳴き叫ぶことになるのだろう。入れ墨の痛さや、腸がはみ出ている痛さや、顔面をえぐり取られた痛さは、計り知れない痛さだろう。しかし、痛くても鳴き叫ばない。鳴き叫んでも、その痛さがなくなり快方に向かうことがないからだと考えられる。

痛くて叫ぶ場合と叫ばない場合の違いは、叫ぶのは叫ぶことによって誰かが助けてくれて痛さがなくなるからだろう。叫んでも誰も痛さを取りのぞいてくれないなら、叫ぶことにはならないだろう。同じように、外敵を見つけて警戒音を出す動物とそうでない動物がいる。警戒音を出すのは、集団生活をしている動物である。

シカとカモシカは、角が違うだけで似たような感じがするが、シカは集団生活をし、カモシカは単独生活だ。警戒音を出して仲間たちに安全な場に逃げるように知らせるのはシカで、カモシカは外敵に気がついたら黙って自分が逃げるだけだ。同じように、群れのオスザルは警戒音を発するが、群れとはかかわらないで生活しているハナレザル（オス）の単独生活者は警戒音を発しない。

タンザニアのタンガニーカ湖湖畔の湖岸の砂とセメントのブロックでつくったぼくの家

◉――痛みを訴えないタンザニア・トングエの人たち

ぼくは、タンザニアのタンガニーカ湖東岸に突き出ているマハレ山塊国立公園で、一九九四年二月から三年間、チンパンジーを餌づけなどしないで人に馴らして観察できるようにする「人づけ」のために、毎週火曜から土曜にかけての四泊五日、現地の人たちと一緒に山暮らしをしていた。

いつも、キゴマという一五〇キロ離れた町や近くの集落の店まで行って、運動靴を買ってトラッカーたちに使ってもらっていたが、ある時日本から送られてきた軽登山靴を支給して履いてもらい、ぼくの湖畔の家から半日くらいで着くキャンプ地マサンサを目指した。

お昼過ぎにマサンサに着いた。トラッカーのシャバニは、着くなりすぐ靴を脱いだ。彼の足はなんと靴擦れで、踵から足底の皮がベロンと剝けて血だらけだった。

ぼくは、彼の血だらけの足を見て、言葉を失った。他のトラッカーのムトゥンダやジュマヌネ、カティンキラはニ

軽登山靴を履いて血だらけになった足を乾かしているシャバニ

左からぼく、ジュマヌネ、ムトゥンダ、シャバニ、カティンキラ。シャバニは翌日にはもう平然とサンダルを履いて歩いていた

ヤニヤしている。ぼくはオキシドールで消毒しようとした。彼は「ハムナ　マタアタ（問題ない）」と手当てを断った。そして翌日には、もう平然と素足にサンダルを履いてテントのまわりを歩いたり、薪拾いまでした。

ある時は、全員でザックを担いで歩いていた。ムトゥンダがザックを頭に載せて運ぶので、両肩に担ぐことを勧めたが、背中が痛いという。見ると肩甲骨部分のシャツが擦り切れて、血が滲んでいる。治療をするためにシャツを脱いでもらったが、彼の背を見て驚いた。左右の肩甲骨部分の皮膚が裂け、ピンク色の肉が見えている。これでは痛いのも無理はない。

どうしてこんなに痛くなるまで黙っているんだと、ぼくは怒鳴った。

こんなことがあってから、「痛さ」「苦痛」について考えるようになった。シャバニやムトゥンダの場合も、痛いのだがそれを痛いとは訴えずに我慢したのだ。

マハレ山塊周辺のトングエの人たちが痛い痛いと助けを求めても、誰も解決してくれない。せいぜい民間療法のお呪《まじな》いで、痛さが止まったと錯覚することくらいだろ

イチジク科の木の樹液を手の平でこねて固め、中にスングスング（アリの仲間）2匹を入れてさらに揉みこむ。これを妊婦の腹を切って擦りこむと元気な子が生まれるとされている

う。そんな状態が物心つくころから続いてきているので、痛いことを他人に訴えることがなくなったのだろうし、実際に痛いという感覚も失われてしまったのでは、と思う時もあった。

前ページの写真の白っぽいガム状の塊は、ジュマヌネがキャンプ地でイチジク科の木の樹液を採って手の平でこねて丸め、その中にスングスング（シロアリの巣を襲ってシロアリたちを麻痺させて誘拐するアリの仲間）を二匹入れてこねたものだ。

これを妊婦のお腹を切って擦りこんでやると、元気な赤ちゃんが生まれるという。お腹を切られて擦りこまれる妊婦も、元気な赤ちゃんが生まれるとなれば切られる痛さも我慢できるのだろう。もちろん、お呪いだ。

このように、サルでもヒトでも、苦痛を訴えてもその苦痛が回避されないなら、苦痛の声を出すことはなく、一人でその苦痛を耐え忍ぶことになる。

◉――ヒトは状況によって痛みを感じる？

しかし、痛いはずなのに、緊張のあまり痛さを感じない場合もある。

ぼく自身の話である。

大学紛争で屋上から投げられたコンクリートブロックがぼくのヘルメットに当たった。それを気にせずにゲバ棒を振りまわしていたところ、仲間がヘルメットから血が流れていると知らせてくれた。

穴が開いたヘルメットと一緒にタオルをはずすと血がたくさん流れ落ちた。仲間の医学部の学生が、すぐぼくの頭を縫ってくれた。

その年の夏休みである。箱根のサルを観察していた。頭が痒いので掻くと、何かが爪に引っかかる。観察仲間に頭を見てもらったら、糸がたくさん出ているというので、頭を縫ってもらったことを思い出した。

病院に行って抜糸してもらったのだが、ぼくは抜かれる部分の髪を掻き分けて両手で頭を押さえながら、糸が一本一本抜かれるたびに「痛い、痛たっ！」と、悲鳴を上げた。

ゲバ棒を振りまわしている時は、ヘルメットに穴が開いて頭をケガし、血が流れていても気がつかない。さらに、頭を縫われている時もまったく痛みを感じなかった。しかし、病院で抜糸されるだけで強烈な痛みを感じた。

痛みを感じるというのは、ヒトでは置かれた状況によるのだろうか？

マハレ山塊国立公園は、タンガニーカ湖の中央に突き出している。キゴマの町まで買い出しに行くには、船外機つきのボートに乗っていく。

ある時ぼくはボートに乗って、二〇名前後の乗客とともにキゴマに向かった。途中、マハレ山塊の北の端にあるムガンボという集落に停まった時、ドライバーが舳先にあるアンカーを湖に投げ入れた。重さ二〇キロ以上はあるアンカーについている太いロープは、まるで長いヘビが湖面に飛びこむよう

ぼくの家の前のタンガニーカ湖を走る船外機つきのボート。キゴマの町まで買い出しに行く時に乗る

に船縁を音を立てて水中に落ちていった。

突然ドライバーが大きな叫び声を上げた。彼の剝き出しの長い足にロープが引っかかったのだ。ふくらはぎの肉が、縦一五センチ、横二、三センチも剝がれて、血があふれ、白い骨が見えていた。

舟客たちはぼくを見た。ぼくはいつも持ち歩いている消毒用のオキシドール液を傷全体にふりかけ、持っていた裁縫用の縫い針と木綿糸で、彼の剝がれたふくらはぎの肉を五、六カ所縛った。縫ったというより、一針縫うごとに糸を縛ったのだ。縫初めてのことだった。途中から針をU字型に曲げた。これだと楽に針を肉に通すことができた。

ドライバーの男は、苦痛の表情を一つも浮かべずに、顔を見ると「さあ、早く縫え」というようにぼくを促した。縫った後、絆創膏をグルグル巻き、包帯の代わりに切ったタオルを巻いて終わった。

このドライバーの場合は、すごく高まった緊張感が痛さを覆いつくしていたのだろう。それは、ぼくが現場で頭を縫われた時と同じ状況である。

しかし、次のような場合は、読者のみなさんはどう思うだろうか？

◉――痛みの訴えはまわりへのアピール

ぼくがタンザニアで雇っていたトングエの人たちとは対照的に、近所の公園で遊んでいるコドモたちは転んで膝に擦り傷をつくっただけで泣き叫ぶ。

あるいは、丹沢の野外実習で学生が人差し指を草で少し切った。ぼくは指の状態を見て、「自分の舌で傷口をなめろ！」と言った。が、彼は、ぼくにはひどく大げさに思えるほど痛がった。絆創膏を巻いてやると痛みが治まったようで、元気に飛びまわった。

ケガをしたコドモや学生が泣き叫んだり痛がる表情をするのは、まわりの人たちに自分の痛みを知ってもらい、何らかの形で痛みを取りのぞいてくれることを期待しているのだ。

サルが傷による「痛さ」のために叫び声を上げることがないのは、痛さを仲間たちに訴えても誰も解決してくれないからであり、鳴き声・叫び声は、攻撃による痛さを回避するために仲間に訴えるためのものなのだ。

ヒトでも同じであろう。トングエの人たちの場合は、傷が痛くても誰も治してくれないから苦痛の声を上げない。しかし、公園で遊んでいたコドモや丹沢で指をケガした学生の場合は、苦痛の声を上げると治してもらえる。

さらに「痛さ」は、そのサルやヒトの置かれた社会・文化状況によって異なるのだろう。また、ヒトによってその度合いは違うだろう。同じ痛みでも我慢できるヒトとそうでないヒトがいるはずだ。

頭から血が出ていることに気づかないのに、病院での抜糸だけで痛がったり、ふくらはぎの肉が大きく剝がれているのに痛い素ぶりを見せなかったり、さらにはシャバニやムトゥンダのように痛いのを我慢できたり、同じ五感をもっていても、ヒトもサルも生まれた環境やその置かれた社会・文化状況によって感じ方が異なるのだ。同じように精神的な苦痛も、そのヒトの置かれた状況によって感じ方が異なるだろう。

ニホンザルの浮気

●交尾相手を探して放浪するオスのニホンザル

ニホンザルの群れの中には、複数のオトナオスがいる。

これらのオスたちは、生まれた群れを出てきたオスたちである。四〜八歳くらいで母親のいる生まれた群れを出て、五〜九歳で他の群れに加入し、三〜五年くらいの間その群れにいて、再びその群れからも出ていってしまう。

まだ、思春期を過ぎたばかりの六、七歳のワカモノの時に群れに近づいても、すぐにはメスやコドモたちがいるところには行けない。

箱根天昭山群に入って間もないワカモノオスのミチオ（左）やウキオモドキ（右）

彼らは群れのまわりにいて、小さなコドモを虐《いじ》める個体がいれば威嚇し、外敵に対しては、いち早く見つけて自らが前面に出て対応し、自分がいかに群れに役立つ個体であるかを示さなければ、メスの信頼を得ることはできない。

まずはコドモオスに懐《なつ》かれ、それからコドモたち全体に信頼され、それらを見てメスたちは他の群れからやって来たワカモノオスを受け入れ、近くで寝そべっていればグルーミングしたりする親和的な関係になる。

秋になって森の木々の葉が色づいて紅葉に変わりはじめる交尾季が来ると、このようなオスはようやくメスたちと交尾をすることができるようになる。

しかし、三、四年前から群れにいて、群れのメスたちと親密になっていると、交尾できる相手が少ない。そのため、今度は交尾相手を求めて群れから出ていくことになる。

このように思春期を過ぎたころに群れに加入した個体は、メスたちと堂々と交尾できるようになってから、わずか二、三年で出ていくことになるのだ。

次々群れに接近するオスザルたち

群れに接近してきた屈強なハナレザル。身体に力がみなぎり眼光も鋭く、威風堂々と歩く

生まれた群れ以外の他の群れを一度経験したオスは、一二～一三歳くらいで再び第三の群れに接近しはじめる。この年齢は男盛りといった風で、身体に力がみなぎり眼光も鋭く、威風堂々と歩く。このようなオスが発情季にやって来ると、メスたちは居ても立ってもいられない状態になる。

尾根の一番高いモミの木の梢で「ガッガッガッガッ！」という音声を出しながら、両足で幹を蹴る「木揺すり」は、二〇〇メートルくらい離れた対岸の斜面からでも十分よくわかる。しかも、木揺すりを二、三度したあとは、モミの枝から枝へと螺旋《らせん》階段を回りこむように下りていく。夕日に映える赤い顔とスカーレット色の性皮の尻は、群れのメスたちを一層魅惑する。

木揺すりをしたモミの木の近くにメスが一、二頭いて、下りてくるオスを待っている。オスはメスのほうを見て、頭を下げ、肩を怒らしてメスに接近し、まるで、「お前さん群れから出てきて大丈夫？」といった感じでメスの顔を見、「俺について来るか？」とリップスマッキングをして、急に反転してメスに「どうだ！　俺の睾丸や尻は！」とばかりに性皮を見せて立ち、メスから遠ざかって行く。

メスはおどおどした様子で、小走りでオスのあとを追う。

発情季になると、メスの数と同じくらいの見知らぬさまざまな年齢のオスたちがやって来る。ケンカに自信がないワカモノオスや、老齢個体のような力のない者は、群れのボスたちに見つからないように目で合図してメスを誘い出したり、遠慮するように群れに近づいてきてメスと交尾する。

◉排卵日に見知らぬ個体と交尾するメスザルたち

メスは、次々と現われる見知らぬオスたちの魅力にひかれて、自分がその年に出産したまだゼロ歳のアカンボウや一、二歳のコドモの存在を忘れたかのようにほっぽり出して、二、三日群れを留守にすることもある。

メスたちは、群れにいつもいるボスたちに、自分のコドモたちをまかせているのだ。

隣の群れに出向いて交尾していた箱根天昭山群のゴエモン（左）と親密だったメスのタツコ（右）

メスたちにとっては、いつも群れにいるボスたちとはグルーミングし合って親密なので、発情季が来ても交尾する相手としては不満なのだ。ボスたちと交尾はしても、群れに接近してくる見知らぬオスとも隠れて交尾することになる。

群れにいるボスたちの血液とアカンボウの血液を採血して、その遺伝子を調べたところ、アカンボウの遺伝子の中には、ボスたちの遺伝子がほとんど混じっていないことが明らかにされている。

つまり、メスたちは群れのボスたちとは交尾はするけれども、見せかけだけの交尾をしており、群れに近づいてきた見知らぬオスと交尾する時に、メスは無意識のうちにうまく受精するように排卵しているのだ。というよりも、無意識のうちに排卵する日に見知らぬオスと交尾しているのだ。

この見知らぬ個体に魅惑されるのは、メスばかりでなくオスもそうだ。

霊長類学者の高畑由起夫によると、ボスなどの、オトナになったオスたちが群れから出ていくのは、他のオスとの争いではなく、交尾相手のメスを求めて出ていくと考えられている。

四、五年間も群れにいるオスは、最初のころは群れの多くのメスたちと性関係になって親しくなり、非交尾季にはメスたちと互いにグルーミングし合うようなさらに親しい関係になる。こうなるとオスのほうは親しいメスとは交尾したくないし、メスのほうも親しいオスとの交尾は避けたいのだ。

行動域が重複した隣接群があれば、隣の群れに出向くようになる。隣の群れのメスたちにとっては見知らぬオスだから、興味をもたれて受け入れられやすい。

事実、箱根天昭山群のゴエモンが隣接群に出向いてその群れのハルというメスと交尾していることがあったのだ。もちろん、ゴエモンは翌年群れから出ていった。

◉——見知らぬ個体に興味をもつニホンザル

コドモオスは、食物をめぐって採食場を占めているメスたちから攻撃されて追い出されるために、食物を求めて仕方なく母親がいる生まれた群れから出ていくのだ。

しかし、ぼくが観察していた箱根天昭山群では、群れから追い出されたのに、半年後くらいに隣接した群れに加入する個体が結構いたのだ。生まれた群れでは追い出されたのに、なぜ他の群れでは受け入れられるのだろうか？

これは「サルたちではコドモもオトナも性別に関係なく見知らぬ個体に興味をもつ特性がある」からだと、ぼくは考えている。それが、他の群れへの加入や移籍を可能にしているのだ。群れ同士なら、オスやメスたちは反発し合うが、個体の場合は異なるのだ。

隣接した群れに近づいたコドモオスでも、その群れ生まれの同じコドモやワカモノオスたちとグループをつくって知り合いになって、しだいにメスたちにも知られ、メスからも興味をもたれ、メスに認められることにより近くで採食できるようになる。

このようなことは、単独生活者はもちろんのこと、集団生活をする他の哺乳類ではほとんどありえないことだ。

他の多くの哺乳類では、見知らぬ発情した異性の個体には興味をもつだろうが、見知らぬ同性や異性の個体に興味をもつのは、サルやヒトの特徴なのだ。

次のクマの例でわかるように、他の哺乳類では見知らぬ同性個体が接近してくれば、攻撃し、排除するだけだ。

夏も終わりかけてくると、サルやクマたちが山から農耕地や市街地に出てきて、テレビや新聞のニュースとなる。サルで出てくるのは、交尾相手のメスを捜し求めてやって来るオスだ。思春期を過ぎたワカモノやオトナたちだ。

しかしクマは性別に関係なく、コドモやワカモノだ。思春期に達して母親の行動域から追い出されて、自分の生活場所を求めたが、森の中は屈強なオトナたちによって大半の場所が占められており、仕方なく誰もいない農耕地や市街地に出てくるのだ。保護のためと称されて山に放逐されるが、多くは強いオトナたちに攻撃されて殺されるのがおちだ。

◉——親密な間柄には性的魅力は感じない？

ぼくは北海道釧路生まれなのだが、小・中学校の時、たびたび内地と呼ばれた本州や九州から転校生がやって来た。転校生の多くは銀行や会社の支店長の子弟であり、一年かそこらでまた転校していった。

転校生にはみな注目したものであった。きれいな洋服や靴を履いていることもあるし、何よりも勉強ができて道産子弁を使う釧路子とは違い、軽やかな標準語であったからだ。どうにかして女子の転校生の近くの席に座りたいと願ったものであった。他に好意をもつ女の子がいても、転校生の魅力には勝てなかった。

新しい（見知らぬ）人好きは、性成熟に達していない小・中学生ばかりではない。新入社員に注目するばかりでなく、同じアパートや町内でも新しい転入者に興味をもつ。あるいは、海外にサル調査に行った時などは、その土地のコドモたちばかりでなくオトナまでが、ぞろぞろついて来たりする。

見知らぬ個体に興味をもつのは、ぼくらヒトはサルの仲間だからよくわかるが、親密な関係の両性間では性関係が抑制されるなんて、ちょっと不思議な感じがする。

イスラエルのキブツでは、幼児の時から一緒に育てられた男女は成人しても恋愛関係・結婚には進みづらいということがわかっている。つまり、兄弟姉妹のように親密だと性の対象にはならないということだ。

父親と娘、あるいは母親と息子が性関係になりづらいのは、あるいは兄弟姉妹が性関係になりづらいのは、いつも一緒にいたために親しい関係になっているからだ。

多くの動物たちが生まれた親がいる集団や場所から遠方へ分散するという生物の特性も、親子同士の性関係を妨げている要因であり、動物ばかりではないが、生き物たちは、分散することで親子のように親しい者同士の生殖を妨げるように進化してきたともいえる。

箱根で一度だけ、母と息子が同じ群れで再会したことがあった。箱根天昭山群からオトナメスのクロコが移籍したパークウェー2群には、その前に加入していた息子のヨヘイがいた。が、一度もグルーミングなど親しげに接することがないままに、ヨヘイはパークウェー1群に移った。

このことは、出生群からのオスの分散は、母親を避けている面もあることをうかがわせる。

◉——ヒトの浮気はサルから受け継いだもの？

ともかく、集団生活をするサルたちにとっては、親しい関係の異性よりも見知らぬ異性に性的にひかれるということが、ぼくらヒトの生活にも大きな問題を投げかけている。

あんなに愛し合って結婚したはずなのに、夫も妻も浮気することがある。性的に結ばれるとさらに親密になるため、ある時期を過ぎると余計に相手を性的に疎ましく感じるようになるのだろうか。

ケンカばかりしているのにコドモがたくさんいたり、逆に仲がよく見えるのに離婚するのは、オスとメスの関係の難しさを表わしているように思う。

ぼくらヒトの一番の問題は、サル的な段階からヒト化への道を歩んできたが、まだまだ性関係ではニホンザルやヒヒ、チンパンジーに見られるような、一夫多妻や乱婚的な性関係から完全に離れていないということではないだろうか。あるいは離れられないのかもしれない。

その土地の環境や状況によって一妻多夫や一夫多妻があるように、現在のような多様な価値観・生き方が存在し、重んじられている社会では、多様な家族関係のあり方を認めたほうが、みな元気溌剌と生活できるのかもしれない。

メスザルの甘えのテクニック

ニホンザルの母子

●――子スズメのおねだりはかわいいか

甘えるとは、自分でできることを自分でしないで、他の個体に依存し、委ねることだ。さらにいえば、ある個体が他の個体に対して、自分を世話したくなるような行動をすることが甘えの行動であるといえる。

幼児のかわいらしい動作を見ていると、ぼくらは世話をしたくなるような感情がわいてくる。世話をしたくなるのは、相手が幼児であり、十分な行動を行なえないことを知っているからだ。自分の意が通ることを知った幼児は、駄々をこねて自分の意を通そうとするし、少年・少女では膨れ面をして自分の意が通らなかったことで腹を立てる。

甘えている幼児の姿を見てほほえましいと感じる場合もあれば、不快に感じる場合もある。

動物でもコドモが親に甘えている姿を、多くのヒトたちが目にしている。

庭やベランダにやって来て何かをついばんでいたスズメが、他のスズメが来たかと思うと羽を下げて震わして、餌をおねだりしている姿を見たことがあるだろう。

最近はスズメを見かけなくなったが、以前は和風の家屋が多かったので、屋根の下の桁とか梁とかの間の隙間に藁などを材料にして巣をつくっていた。だから、農村部でなくてもスズメは普通に見られた。

スズメはオスとメスのペアが一緒になって巣をつくり、卵を抱き、育児を行なう。卵が孵化して生まれてきたヒナは、毛はほとんど生えておらず、目が閉じ、歩くことはもちろんできない。ただ、親鳥から餌をもらうだけである。

ヒナが成長し、目が開き、毛が生え、巣内で動きまわれるようになっても、親鳥たちはせっせとヒナに餌を運んできて食べさせなければならない。

ヒナたちの羽がしっかり生えそろい、親鳥と変わらないくらいの大きさになって、ようやく巣立ちすることになる。

スズメのようなヒナをもつ動物を、晩成性《ばんせいせい》という。

逆に、ニワトリやアヒルのように、卵から孵《かえ》ったヒナには毛が生えていて、目が開き、動きまわることができるものを早成性《そうせいせい》という。

この早成性のヒナたちは、孵化とともに親についてまわり、親と同じように自分で餌をついばむことができ、親からは給餌されない。

一方、晩成性のスズメは、巣立ち後もしばらくは親が来ると羽を震わして餌をねだり給餌してもらえる。この巣立ち後のスズメのヒナの行動が、甘えていると映るのである。自分で頑張って餌を探して食べればいいのに、そうしないのが甘えていると感じるのだ。

巣内にいる時は同じ行動をしていても甘えているという感じではなく、ほほえましく感じる。かわいいと思うのだ。しかし、巣立ち後しばらくそれが続くと甘えていると感じる。

◉性行動の時に見られるオトナの甘え

この親から子への給餌は、晩成性の鳥たちだけに見られるわけではない。

晩成性の哺乳類であるイヌやネコあるいはタヌキやキツネ、クマのアカンボウも生後しばらくは目が閉じ、毛もしっかり生えておらず、動きまわれず、ただ母親の乳首に吸いつくだけである。

離乳が終わってもまだミルクを欲しがったりする動物たちもいるが、しばらくは親が取ってくる餌を待ち受ける。この期間が長く続くと甘えている行動と感じるのだ。

つまり、頑張れば自力で餌は取れるのに、そのような努力を見せないで、親が戻ったら親の口もと

生後２カ月を過ぎると母親から離れて遊ぶ

１歳のチビが甘えて母親の口もとに口を寄せ、口づけすると母親は唇をとがらして返す。波勝崎で

１歳のチビの初めてのサクラの花芽食い。下北半島で

をなめたり口をつけたりして、餌を催促する行動が甘えの行動だ。写真（右上）は一歳のサルのコドモが母親に口をつけて甘えているところだ。

ニホンザルのアカンボウは母親からミルクを飲まされるが、半年くらいで離乳が始まり、自力で木の実を採って食べたり、遊ぶようになる。しかし、何かあるとギィーギィー鳴いて親にミルクをねだり、母親の懐に入りたがる。これが甘えである。

この甘えの行動は、何も巣立ったヒナや離乳したての哺乳類だけに見られるものではない。性成熟に達した個体にも見られる場合がある。それは、性行動の時である。

発情したオスとメスが出合った時、

メスが幼児のような、あるいはコドモのような動作をするのだ。

鳥だと幼鳥のように羽を震わせて餌をねだる。

こうなると、オスは相手がメスだとはっきりわかり、相手を交尾へ誘うために説得することになる。

◉──発情季でなくても甘えるメスのニホンザル

ニホンザルになると発情季でなくても、メスの甘えの行動が見られる。

箱根天昭山群のサルたちは、大堰堤がある藤木川支流の右岸の斜面で、暑い日差しを避けて休息していた。

サルたちが樹上で果実や柔らかい葉を採食しているなら、賑やかなのでその声で見つけやすいが、静かに休息しているサルたちを見つけるのは非常に難しい。

自分の予測が当たった嬉しさに、沢の水で顔を洗いながら一息ついていた。

前日の夕方、一週間ぶりに奥湯河原にやって来て、この日は朝からサルを捜しまわっていたのだ。

突然、二、三歳のコザルが「キィィー、キッツ」と鳴き、次にボスのポンが「ガッガッガッ」と大きな音声を上げながらブッシュの中を走る音がした。トラブルが起こったようだ。

ぼくは、はずしていたメガネをかけてそちらを見る。

ポンがメスを追っている。

群れ内で優位メスのパンドラ（右）

駄々をこねてうつ伏して鳴いてミルクを欲しがったが、グルーミングされて落ち着いた1歳メス。臥牛山で

多くの個体がグルーミングをしたりされたりしながら、その行方を見守っている。

メスは一〇メートルも逃げもせず、杉林の中でポンに捕まる。メスはパンドラだった。パンドラは脱糞、脱尿しながらギィーギィーと身体を林床に伏せて、激しく身体を震わせて鳴いている。逃げる気になれば捕まらずに逃げられたはずであるし、ポンはパンドラの尻に片手を置いているだけである。

パンドラはこの群れでは、優位な血縁集団の高順位のメスであり、このような泣き顔を見るのは初めてであった。

このパンドラのギィーギィー鳴いて泣きっ面をして腹這いになり、身体を痙攣したように震わせるという行動は、ゼロ歳から二、三歳のコドモが母親に叱られた時に行なうものだ。

チビにこのように鳴かれると、母親はお手上げ状態となるので、激しく鳴いて脱糞、脱尿をする

「駄々をこねる」行動は、自分の意を通そうとするものであり、チビたちの甘えの行動の一つである。母ザルたちは、そんな行動をとったチビは放っておく。そうすると、二、三分後には何事もなかったかのようにして母親の胸に飛びこんだり、採食したりする。

オトナメスの場合は「駄々をこねる」行動をすることによって、オトナオスからの攻撃を受けなくてすむ。つまり、ほとんどすべてのメスやコドモたちは、「駄々をこねる」行動を行なう。

しかし、この行動は思春期を過ぎたようなオスではまったく見たことがない。

オスの場合は、劣位の個体は優位の個体に対して、「駄々をこねる」ことはしないで、自ら進んで尻を相手に出すプレゼンティングの劣位姿勢をとり、相手の優位をすぐに認めて、優位個体から逃げるようなバカなことはしない。逃げると攻撃されてケガをすることになるからだ。

どうして、メスやコドモも威嚇個体や攻撃個体に対して、プレゼンティングして相手の機嫌をとらないのか不思議な気もする。

◉──ヒトのオトナメスの甘え方

さて、このような甘えの行動は、ヒトのオトナメスでも見られる。

それが、動物たちの性行動と同じように、ヒトの男女の恋愛関係でメスに見られるのは、恋愛経験がないヒトでも、テレビや映画の恋愛シーンでご覧になっているはずだ。

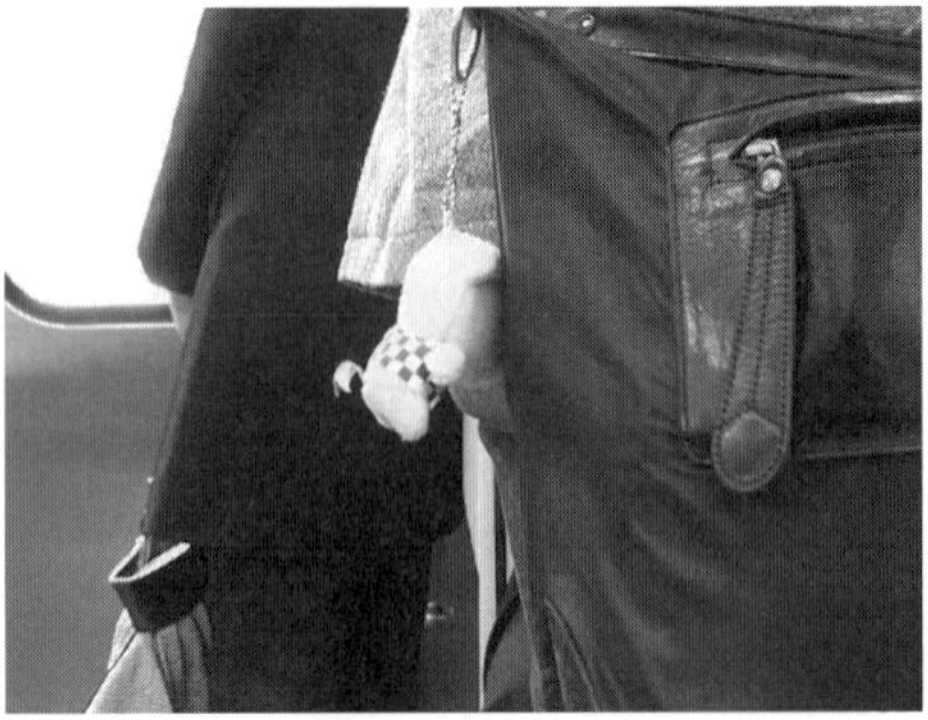

縫いぐるみを持っているヒトのオトナオス

さらにヒトでは、恋愛関係にはなくても、甘えの幼児的行動が見られる。

幼児の表情や動作はかわいい。性成熟を過ぎたヒトのオトナメスが、目上の者や男性に対して、あるいは同性に対しても、自分をかわいらしく見せるための行動として、コドモのようなしぐさや話し方をする。そのような表情や動作をされると、会社の上司でも強く注意できなくなってしまうようだ。

女性が叱られて泣くというのも、ヒトのコドモが泣くのと同じ行動だ。泣くことによってそれ以上叱られなくなるからだ。

最近、ヒトのオトナオスでも、恋愛時に相手のメスに対して幼児的なしぐさや言葉を使うものがいたり、あるいはテレビの中で男のお笑い芸人たちが幼児語をしゃべったり、しぐさをしているのを見たりする。

さらにオトナメスはもちろんのこと、写真のように電車の中のサラリーマンでも縫いぐるみを持っている男たちがいる。ぼくからすると、自分をコドモのように見せることで、社会の批判をかわして甘えているように思える。

日本のオトナたちよ、いつになったら大人になるのだ？

サルの露出狂

目の動物と鼻の動物

私たちヒトを含むサルの仲間は、視覚の動物である。

視覚にたよる生活は、哺乳類ではサル特有のものだ。タヌキやイノシシやネズミなどのサル以外の動物たちは、食物を探す時には視覚よりも嗅覚にたよっている。

そして彼らは発情季の性行動も、あるいは仲間とのコミュニケーションも、相手の嗅覚に訴える方法をとる。

尿やウンチを自分の身体に擦りつけたり、あるいは他の個体との行動域の境界にある倒木や杭の上、さらには橋の欄干の上にウンチをしたり、臭腺から出る匂い物質をつける。

ほとんどの哺乳類では、メスが発情すると臭腺から出る低級脂肪酸、俗に性フェロモンといわれる匂い物質が多くなる。排卵の時期にはもっとも多くの性フェロモンが分泌されるので、イヌでもネコでも、オスはメスの肛門の両側にある肛門腺、（カモシカでは目の下にあるので眼下腺）から出てくる匂いを嗅いで、メスの発情状態を確かめる。

橋の欄干の上のクワの種子よりなるテンの糞。東丹沢で

メスイヌの尻の匂いを嗅ぐオスイヌ。メスの匂い物質の量を測っている（写真提供／宮脇和男）

写真のようにオスイヌがメスイヌの尻の匂いを嗅ぐことがあるのは、イヌを散歩させたことがある人なら知っているだろう。この行動は、メスの匂い物質の量を測っているように見えるので、テスティング（検査行動）と名づけられている。

サルの仲間は、さまざまな部分に臭腺をもっている。マダガスカル島に棲むワオキツネザルの臭腺は手首にあるので、それを尾につけて、尾を高く持ち上げて匂いを振りまく。

ぼくらヒトは、腋《わき》の下や陰部付近にアポクリン腺と呼ばれる臭腺がある。さらに、アカゲザルやヒトを含む狭鼻猿では、発情するとメスの膣内分泌物質内に匂い物質が多くなることが知られている。

◉——サルの顔に毛が生えていないわけ

サルの仲間は、嗅覚は劣るが視覚は他の哺乳類とは比べものにならないくらい優れていて、生活の大半を視覚に依存している。

だから、哺乳類で顔に毛が生えておらず皮膚が露出しているのは、海にいるイルカやクジラあるいはハダカデバネズミの仲間をのぞくと、陸上の動物ではサルの仲間くらいなもので、表情で自分の気持ちを相手に知らせることができる。

つまり、コミュニケーションをするのも、視覚にたよっているのだ。

「お猿のお尻は真っ赤っか」というように、ニホンザルを含むアジア・アフリカの狭鼻猿の仲間では、発情すると尻の性皮といわれる部分がスカーレット色になったり、風船のように膨れたりして発情を異性に知らせるものが多い。他の哺乳類は嗅覚にたよっているから、発情した時に体色が変わるものなどいない。

ニホンザルは発情すると、オスもメスも顔と性皮といわれる尻の部分がスカーレット色になることによって相手に発情したことを知らせる。

下北半島のニホンザルの群れのオトナオスの性皮

ニホンザルのメスの性皮。臥牛山の群れ

チンパンジーの発情メスは外陰部が膨れて大きく盛り上がる

オスでは睾丸を含む尻の部分、メスでは尻の部分が、白色から、肌色、ピンク、スカーレット色、さらには黒ずんだ赤紫色と、性成熟の度合いに応じて変化する。この性皮の部位はサルの種類によって異なる。

チンパンジーのメスでは、写真の右のように外陰部が膨れて大きく盛り上がる。

しかし、ペアで家族生活しているテナガザルや一頭のオスと少数のメスだけの小集団で生活しているゴリラのように、いつも集団のメンバーが近接して生活し、他の同種の個体や集団を避けている狭鼻猿では、異性に特別に自分の発情を誇示する必要がないので性皮をもたない。

◉──性皮が胸にあるゲラダヒヒ

エチオピアの四〇〇〇メートルのセミエン高原に生息するゲラダヒヒは、次ページの写真のように性皮を尻ではなく首から胸にもっている。発情すると首から胸にか

ゲラダヒヒのオス。ゲラダヒヒは性皮を尻ではなく首から胸にもっている（写真提供／森 明雄）

ゲラダヒヒ。右がユニットのアルファオス、その左がメスとコドモたち。メスの胸にも同じ性皮がある（写真提供／森 明雄）

けての皮膚が露出した部分がスカーレット色に染まるのだ。

ここは、赤道付近だが富士山を超える標高にある冷涼な高原であるため、木はなく芝生のような草原となっている。彼らはその草を主食にしていて、座って草をむしって食べる。当然、採食している時は相手の尻を見ることができない。尻を見られるのはせいぜい移動する時だけだ。そのため、座って採食していても見ることができるように、胸に尻を投影した性皮をもったと考えられているのだ。

この例から動物行動学者のD・モリスは、ヒトは対面してコミュニケーションをとったり、交尾をするため、ヒトのメスの大きな乳房は、お尻の反映だろうと述べている。

◉――オスザルたちのペニスの勃起は何のため？

キンシコウもチンパンジー、ヒヒ、サバンナモンキーも、発情したオスたちはしばしばペニスを勃起させる。自分の性衝動を解消するために、勃起したペニスに触って精液を排出させて、自分の顔や胸についた精液を剝がし取って食べる個体もいる。これは多くのオスザルたちに見られる、自慰行動の一つでもある。

ところが、性衝動の解消としてではなくて、ペニスを勃起させ、それを他の個体に誇示する個体がいる。どのオスもそのような行動をとるかというとそうではなく、群れ内で順位の高いオスだけが行なう。

チンパンジーがペニスを勃起させてぼくを威嚇した

この勃起したペニスの誇示は、発情しているメスに向けているのではなく、群れ内の不特定の多くの個体に対して行なっているのだ。

異性を求めるための行動ではないとしたら、どのような目的で行なうのだろうか?

上の写真は、タンザニアのマハレ山塊国立公園でチンパンジーの観察をしていた時に、一頭のチンパンジーがぼくに向けてペニスを勃起させて見せつけたところを慌てて撮ったものだ。この勃起したペニスは、ぼくにしか見えないのだ。

次ページ上の写真は、マハレの我が家の裏にやって来たキイロヒヒがペニスを勃起させたところだ。が、ぼくがバナナを投げ与えると勃起していたペニスは萎《しお》れた（慌てて撮ったのでピンボケだ）。

さらなる一枚は、中国の秦嶺山脈でのキンシコウ。観察中に、ぼくは枝に座っているキンシコウのオスにビデオを回しながら近づいていった。すると、そのオスは細い黒色のペニスを勃起させたのだ（写真はビデオを静止画像にしたものだ）。理解できたであろうか？

勃起したペニスの誇示は、強さの誇示＝威嚇なのである。

ぼくに勃起したペニスを見せたのは、ぼくに性的なアプローチを望んだのではないことは誰にでもわかる。ぼくを威嚇したのである。

チンパンジーもキンシコウも、これ以上近づくなという脅しだ。キイロヒヒは、ぼくがバナナを与えたことで友好的な気持ちになり、威嚇が収まったのだ。

勃起したペニスの誇示を性的欲求の誇示と考える研究者もいるが、ぼくはそうは考えない。力・強さの誇示がペニスの勃起となって表われるのだと考えている。

ぼくがバナナを投げ与えると勃起していたキイロヒヒのペニスは萎れた

ぼくが近づくと、キンシコウのオスは細い黒色のペニスを勃起させて威嚇した

ルクソールの大列柱室（右）とオベリスク（左）。権力の象徴として神殿の柱を太く長くしたのだろう

エジプトのルクソール神殿の遺跡の壁画。勃起したペニスが描かれている

◉──古代エジプトの力の誇示と勃起したペニス

右上の写真は、エジプトのルクソール神殿の遺跡の壁画である。勃起したペニスが描かれている。さらに、写真のルクソール神殿の柱やオベリスクと、チンパンジーの勃起したペニスを対照してほしい。

エジプトのファラオたちは、権力の象徴として、勃起したペニスのかわりに、神殿の柱を太く長くして強さを表わしたのだろう。

勃起したペニスは、日本でも全国各地の男根の祭りとして残っている。神社や地域の守りとして男根が奉られているのである。決して子宝を祈願するものではないのだ。子宝を願うものとしては、日本を含む世界各地の古代の遺跡から出土している、石や骨を磨いてつくった腰や尻の大きなビーナス像がある。不妊の原因が最近まで女性の身体に問題があるからだと考えられていたことからも、そのことがうかがえる。

左上の写真は壱岐《いき》の神社に奉られている巨大な男根である。この写真を撮った友人によると、欄間

壱岐の塞神社に奉られている巨大な男根像（写真提供／五本孝幸）

丹沢の山麓の清川村にある石を掘った男根（右端）

には男女の交わりが彫られたり、飾られたりしているようだ。

壱岐の島は古来から日本や朝鮮、中国からの侵入が度重ねられたところだ。壱岐の人々は外敵からの守りとして、また対外的な力の誇示として、巨大な男根を奉っていたが、それが、近世になってしだいに変節して、家庭円満や子宝を願うものになったと、ぼくは考えている。

壱岐の神社ばかりでなく、男根を祭る神社はたくさんあるが、もともとはその集落の強さの誇示としての守り神として祭られたものであり、巨大な女陰とセットになったのは近世になってからであろう。

前ページ下の写真の右端は、丹沢の山麓の清川村にある石を掘った男根である。その後ろに並べられた道祖神とともに、旅人の守り神として祭られたものであろう。

◉――ヒトの露出狂は弱さのしるし

つまり、ニホンザルやヒヒやチンパンジーの勃起したペニスの誇示は、強さ・力の誇示であり、高順位のオスの特権である。劣位個体がペニスを勃起させるのは、せいぜい隠れてマスターベーションをする時くらいだ。

ヒトも公衆の面前で勃起したペニスを誇示することがある。ほとんどの場合、自分より弱いと思われる、小学生や女性、老人の女性に対して行なわれる。

ストレスのたまった精神的に弱い男たちが、自分の鬱積した気持ちのはけ口として、勃起したペニスを自分より弱い者に対して誇示し、自分の強さを確認したいのだろう。

彼らはサルと同じ行動をとっているのだ。

ヒトのオスたちは、自分を殺して仕事をするような、ストレスいっぱいの暮らしから解放され、もっと自信をもって自分を大切にする生活ができるようになったら、サルに戻ったようなバカな行動をしなくなるのだろう。

オスザルの嫉妬

発情季にケガをするメスザル

尾根から吹き下ろす冷たく乾いた風が、着こんでいるにもかかわらず身体を突き刺す。冬山用の毛織りの手袋をした左手にはフィールドノートを持ち、軍手の人差し指部分を切った右手にはシャープペンシルを握って、斜面の日向でグルーミングしているニホンザルのカップルを見ている。

ここは、箱根湯河原の天昭山野猿公園餌場である。

発情季に入ってから群れに接近してきたオスのハナシにグルーミングしている、入れ墨ナンバー27のメスの顔を見る。顔のケガばかりでなく、頭の上や背中にも赤く開いた傷口がまた増えている。

ぼくは独り言のように彼女に話しかける。

「どうして、お前は、暴力をふるうハナシのあとを追うんだ？」

ナンバー27のメスは、もちろんぼくの言っていることはわからない。彼女の膣口には、白く固まった精液がはみ出ている。ハナシが立ち上がると、恐れるようにまた媚びるようにしてナンバー27はそのあとに従う。

秋から冬にかけて、毎年のように見られるニホンザルの発情したカップルの一コマだ。

メスザルのケガがもっとも多いのは、この発情季である。オスザルたちから受けたケガである。

交尾するニホンザルのハナシと入れ墨 No.27 のメス

群れに接近してきた見知らぬオスに恋をして、そのオスから攻撃されたり、見知らぬオスとのランデブーから群れに戻ったら、今度はそのことで群れのボスから激しく攻撃を受ける。
メスは一方的に、群れのボスや、群れにメスを求めて接近してきたオスから攻撃を受けてケガをするのだ。
オスから攻撃を受けたメスは、地面に這いつくばって脱糞、脱尿しながらギィーギィー鳴いて許しを請う。それでもオスは、執拗にメスを噛む。

このオスからメスへの攻撃は、ニホンザルばかりではない。ほとんどすべてのアジア・アフリカに生息する狭鼻猿の仲間で見られる。この仲間のオスザルは、メスと比べると犬歯が非常に大きく長いので、嚙まれると大ケガになる。耳がちぎれる者さえいる。

写真はマントヒヒとニホンザルのオスが、犬歯を誇示しているところだ。

犬歯を誇示しているマントヒヒ（上）とニホンザルのオス（下）

もちろんオスたちは、この犬歯を用いてケンカをする。

オス同士のケンカでは、唇がウサギの口のように真ん中から切られたり、鼻を噛み取られたり、頬袋に穴が開けられたり、耳や頭に大ケガをさせられたり、腕を肘《ひじ》関節から切り落とされたりする。

オトナオスは鋭い犬歯というナイフを、いつも持ち歩いているようなものなのだ。

ケンカで鼻が切れたオトナオスのケン

◉――乱暴なオスザルを交尾相手に求めるメスザルたち

ニホンザルの群れ内には複数のオスがいるが、それでもオトナオスとオトナメスの割合はメスのほうが数倍も多い。そのため発情季になると、群れ内にいるメスの数と見合うほどのたくさんのオスが接近してくる。もちろん、メスと交尾するためだ。

発情季に群れに近づく見知らぬオスたちは、メスたちにとって非常に興味深い存在だ。だが一方、メスにとって恐ろしい存在でもある。

それは、彼女らのコドモたちが攻撃されて殺されることがあるからだ。

群れ外を放浪する乱暴なチンピラや暴力団のようなオスたちか

ら自分のコドモを含む自分たちを守ってもらうために、複数の親密な関係のオスが群れ内にいる。それにもかかわらず、発情したメスたちはコドモたちがいる群れから一時的に出てまでして、粗暴なオスを交尾相手として求めるのだ。

群れから出て、群れに接近してきたオスにつき従うと、ちょっとしたことで頭や背を噛まれ、血だらけになる。なぜそんなにしてまで、そんな乱暴なオスを交尾相手として求めるのか、ぼくは理解に苦しむ。

●――ニホンザルは気晴らしに恋人と浮気する？

ニホンザルのメスの場合は、自分たちが中心につくっている母系血縁集団からちょっと気晴らしに出て、恋人と浮気をしているような感じもする。

同じ母系血縁集団のメスでも、キンシコウやゲラダヒヒの場合は、単雄群を形成する。

この場合は、オスは一頭だけだから、オスの目を盗んで群れ外のオスと交尾することもある。こんな場合、群れのオスに見つかるとこっぴどく噛まれることになる。それでも何年も一緒にいるオスよりは、見知らぬオスを交尾相手として選んで浮気してしまう。まるで、命がけで恋をしているかのようだ。

ここで、群れが幼女誘拐から成り立っているマントヒヒのオスについて話をしたい。

キンシコウの交尾。メスはオスの前で這いつくばる

群れの基本的社会単位は、一頭のオスを中心にしたハーレムである。

ハーレムのオスは、移動中にメスが少しでも遅れたり、はぐれたりした場合にはメスを噛んで連れ戻すハーディングという行動をとる。メスたちを暴力で押さえつけて支配しているのだ。

だから、メスはハーレムのオスに対して、いつもおどおど、びくびくし、オスを恐れている。

しかし、コドモのころからいつも一緒にいるので、発情すると他のハーレムのオスに対して性的興味をもつようになる。ハーレムのオスは、メスの行動を熟知しているので、あるいは機会があれば他のオスも他のハーレムのメスを誘拐しようとしているのがわかるので、ハーレムの移動に遅れたり、ちょっとそれたりしただけで頻繁にメスを噛んでこらしめることになる。

ストレス発散でメスを攻撃するオスザル？

ニホンザルやキンシコウ、マントヒヒ、チンパンジー、さらにはヒトなどの狭鼻猿のサルの仲間は、オスは弱いメスを攻撃することで、自分のストレスを解消する行動様式をもっているのではないかと、ぼくは疑っている。

箱根天昭山群のヒドラは、成熟したメスだった。厳冬期の二月中旬、発情したヒドラはボスのポンに恋していたが、想いをとげることができなかった。

その後、彼女は終日群れの中にはいなかった。二歳になる息子を群れに置き去りにしてどこかへ姿をくらましたのだ。

翌日の朝、ボスたちが餌場に出てきたので、ぼくは小麦を撒いた。ヒドラはチェックできなかった。小麦を食べ終わった多くのサルたちは、日のあたる斜面で休息していた。

そこへ、ヒドラが管理小屋の裏の杉林の斜面から、人目をはばかるようにこそこそと餌場に出てきて、数頭の個体と一緒に残っている小麦を拾いはじめた。

突然、堰堤の上で発情メスにグルーミングされていたポンが、声も立てずにヒドラに猛然と飛びつき、背中に噛みついた。しかし、すぐポンは何事もなかったかのように威厳をもった歩き方で堰堤に戻った。ヒドラはしばらく地面に這いつくばって「フギャ、フギャ」と鳴いていた。彼女の尻には白く固まったガム状になった精液がべったりとついていた。

ボスのポンは、ヒドラが言い寄ってきたのに相手にしなかったのだ。その彼女が群れを一日留守にして、他のオスと性関係を結んだだけである。ボスの、「群れのメスは自分の所有物」という思いこみが侵されたことによると思われる嫉妬心が、ヒドラへの攻撃となって現われたのだろう。本来なら、相手のオスへ向けられるべき攻撃であろう。

さらにもう一例、オトナメスのクロメは、餌場に出てきた群れの中にはいなかった。

ぼくは、クロメを捜しに天昭山神社から県道の椿ラインまで登ったが、神社の境内付近にも、県道沿いにもクロメを見つけられなかった。

餌場に戻ると、群れがゆっくり川に沿って下へ移動しているところだった。ぼくは道路沿いに歩いて、群れの移動の先まわりをして大きな砂防堰堤まで来た。サルが二頭いた。先頭が早くもここまで来ているのか？　誰だろう？と近づいていった。

クロメと群れに接近してきているオトナオスのマルメだった。

二頭は仲睦まじい様子で休息し、早春の温かい日を浴びて眠っているようだった。しばらく、ぼくは堰堤の上に座って彼らを観察していた。移動している群れの先頭部分のコドモオスたちも、堰堤から観察できた。

突然、ボスのポンが肩の毛を逆立てて、ぼくの後ろからやって来た。

マルメはポンに気がつくとゆっくりと立ち上がり、ポンと四、五秒にらみ合った。しかし、彼は、発情して鮮やかなスカーレット色をした性皮の尻と大きな睾丸を見せつけるようにして、ゆっくりとブッシュの中に入っていった。

ポンがマルメを追って攻撃するかと思った。が、ポンはクロメの首筋に激しく噛みついた。クロメの鳴き声が谷間に響いた。

「お前、攻撃する相手が違うだろう！」と、ぼくは思った。

もし、ポンがマルメを攻撃したら、ポンは負けたかもしれない。マルメの性皮を誇示する自信をもった歩き方を見たポンは、その怒りを弱いクロメに向けたのだ。

しかし、これがマルメではなくて、ワカモノオスであった場合は、徹底的に追いかけて攻撃したことだろう。ポンは、マルメの歩く後ろ姿を見ただけで自分の劣位を知ったのだ。

このことがあってから八カ月後、再び発情季が始まる前に、ポンが群れから突然消えうせた。彼は、箱根天昭山群に五年以上もの間加入していて、そろそろ出る時期にあったこともあるが、マルメの存在が大きかったのかもしれない。

◉――ヒトオスの暴力はサルの攻撃性かもしれない

発情季にメスを求めて群れに接近してきたオスが、なぜ自分に誘惑されて近づいてきたメスを噛んで傷つけるのか?

ボスが浮気をしてきたメスを噛むのは、群れに接近してきたオスに対する嫉妬心であり、メスへの支配欲からだろう。

群れに接近してきたオスがメスを傷つけるのは、メスがボスたちを含む仲間がいる群れに戻ろうとするから、そのボスや仲間に対する嫉妬心にも似たような気持ちがニホンザルの段階でもあるということだろう。

夫や恋人からの暴力行為が執拗なので、その男性から逃げ、隠れている女性たちがいる。

概して暴力をふるうヒトオスたちは、妻や恋人に暴力をふるうことによって、自分のストレスのはけ口にし、また支配力を満たしていると考えられている。

それは、群れのボスザルたちが群れに戻ってきたメスに対して噛みついたり、マントヒヒのオスがハーレムの移動で遅れるメスを噛むのと同類の行動なのではないだろうか。

ドメスティック・バイオレンスを犯すヒトオスたちには、狭鼻猿オスのメスへの攻撃性がそのまま引き継がれているのだろうか。

マントヒヒの婚活

サルの群れにはいろんなパターンがある

マントヒヒ、みなさんも名前くらいは知っているだろう。

どんなサル?と思った方でも、どのような顔つきや姿をしているのか写真を見れば「あ！　このサルか！」と思い出すはずだ。

しかし、このサルの社会が幼女誘拐から成り立っているというと、誰もがびっくりするだろう。

霊長目は、曲鼻猿《きょくびえん》と直鼻猿《ちょくびえん》の二つの亜目に分かれ、直鼻亜目はメガネザルと真猿《しんえん》の二つの下目《かもく》に分けられる。さらに真猿下目のサルの仲間は、中南米に生息する広鼻猿《こうびえん》とアジア・アフリカに生息し

マントヒヒのオス

マントヒヒのオスは頭部から背、肩にかけてマントを羽織ったような長い毛がある（写真提供／森 明雄）

複雄群のサバンナモンキーのメスとコドモの血縁集団（写真提供／矢部康一）

ている狭鼻猿《きょうびえん》の二つの小目《しょうもく》に分けられる。ぼくらヒトは狭鼻猿から生まれてきた。

この狭鼻猿には、オナガザル上科のニホンザルやマントヒヒ、サバンナモンキー、マンドリル、ハヌマンラングール、キンシコウ、テングザルなどと、ヒト上科のテナガザル、オランウータン、ゴリラ、チンパンジー、ボノボ、ヒトがいる。

オナガザル上科のサルたちのつくる群れは、血縁で結ばれたメスとコドモの集団と、メスたちとは血縁関係のない他の群れからやって来たオスから成り立っている。

メスはほぼ一生、生まれた母親のいる群れで過ごす。しかし、オスは思春期のころに生まれた群れから出ていき、単独でいたり、オスだけの集団のオスグループに加わったり、他の群れの周辺をうろついて、群れに入るチャンスをうかがっている。

これらの群れには、ハヌマンラングールで見られるように、メスとコドモたちの中にオトナオスが一頭しかいない単雄群と、ニホンザルの群れのように複数のオトナオスがいる複雄群がある。

樹上で採食中のチンパンジー。マハレ山塊国立公園で

単雄群のキンシコウ。秦嶺山脈で

ハヌマンラングールのような単雄群が基本的な社会単位となっているのは、ハヌマンラングールと同じキンシコウやテングザルなどのコロブス亜科のサルたち、さらにはオナガザル亜科のゲラダヒヒの社会だ。

キンシコウの群れは複数の単雄群からなっているため、群れを構成する単雄群同士がくっついたり離れたりの離合集散を行なう。ゲラダヒヒでは、ユニットと名づけられた単雄群が複数集まってバンドを形成して移動・採食し、泊まり場となる断崖では複数のバンドが集まったハードを形成する。

これらの単雄群も複雄群も、メスたちは血縁という固い絆で結ばれて群れ社会を維持している。しかし、マントヒヒはこれらのどの群れとも違うのだ。

◉——他のハーレムからチビメスを誘拐するマントヒヒ

鳥類の生態を研究していたイギリス人のH・クマーによって、四〇年も前に明らかにされたマントヒヒの社会を紹介しよう。

マントヒヒは、アラビア半島の南西部と紅海を隔てて接しているアフリカの北西部の半砂漠地帯に生息している。五〇〇〜六〇〇頭を超えるような大きなサイズの群れは、二〜三個のバンドという大きなまとまりからなっており、バンドはまた二〜四個のクランと名づけられた集団からなっている。さらにクランは一頭のオスと一〜四、五頭のメスたちからなる複数のハーレムからなっている。

このハーレムは一見すると単雄群のようであるが、ハーレムのメスたちの間には血縁関係がない。さらには思春期にも達していない一頭のコドモメスと一頭のワカモノオスからなるハーレムがある。

つまり、他のサルの仲間とはまったく異なる群れをつくっているのだ。

じつは、ハーレムのメスたちは、オスがワカモノの時に同じクランの他のハーレムに近づき、離乳が終わったころのチビメスと遊んで仲良くなり、半年くらいたって機会を見計らって連れ出してきたものなのだ。チビメスが鳴き叫ばないように上手に連れ出さなければならない。ハーレムのオスが気づいても、同じクランのワカモノオスに対しては寛大なようだ。

あるいは、他のバンドに手ごろなチビメスを見つけると、いきなりその個体を強奪・誘拐してくる。誘拐されてきたチビメスは、三、四歳になると発情してオスと交尾するが、五、六歳になるまで妊娠しない。オスはチビメスを背に乗せて運んだり、自分にぴったり寄り添ってついて来るようにさせる。ちょっとでもメスが遅れたり、それたりすると首根っこを噛んで暴力的に従わせるのだ。

メスは、他のハーレムのオスから強奪されたり、オスの目を盗んで自らハーレムを出ることがあり、クラン間を移籍し、バンド間も移籍するが、オスは生まれたクランから他のクランに移籍することはなく、生まれたクランにとどまり、結果的に父親のいるクランからメスたちを譲り受けることになる。

オスがまだ性成熟に達していない三、四歳のメスに対して性的興味をもつ例は、他の哺乳類はもちろんのこと、チンパンジーやボノボを含む他のサルの仲間でも観察されていない。このような幼女嗜好は、マントヒヒのオスにしか見られていないのだ。

●なぜマントヒヒはチビメス好きなのか?

ニホンザルやチンパンジーなどでは、成熟したオトナメスはオスたちにもてるが、初めて発情したようなワカモノメスはオスたちの性的対象にはならない。ニホンザルやチンパンジーのオスたちの性的嗜好が、ワカモノメスではなくコドモをもっているような成熟したオトナメスであるのは、オトナメス好みのオスのほうが、多くの子孫を残してきたことによる。

ワカモノメスは、オトナメスに比べて群れ内の社会的順位が低いため、オトナメスに比べて食物を十分取ることができない。つまり栄養状態が悪く、妊娠しても流産し、また、出産してもミルクの出が悪いということだ。

さらに、生まれたアカンボウの栄養状態が悪く、乳児死亡率が高くなる。加えてワカモノメスは育児の経験が少ない。これらのワカモノメスの繁殖に関するマイナス要因により、ニホンザルやチンパ

中央がマントヒヒのオス、まわりに彼のハーレムのメスたちがいる（写真提供／森明雄）

ンジーなどのほとんどのサルのオスではオトナメス好みとなったのであろう。
では、どうしてマントヒヒのワカモノオスが幼いメスを性的対象とするようになったのだろうか？
マントヒヒのオトナオスは身体が大きく、写真でもわかるように肩から背にかけてマントを被ったような長い毛をしていて、オスとメスの外部形態が大きく異なる。ヒヒ属の仲間では、もっとも性的二型が大きい種である。これはほんの一部の優位なオスだけが交尾に参加できて、他の多くは交尾に参加できないアブレオスとなっていることを示し、オス間でメスをめぐる争いが厳しいことがわかる。
森に棲むサルたちは、群れのまわりに他の群れ出身のワカモノオスがひそかにやって来てメスを誘惑しても、群れのオトナオスたちは木々にさえぎられて気がつかない。しかし、マントヒヒが棲むのは半砂漠であり、誰がどこにいるか一目瞭然だ。このような環境下で、思春期を過ぎたばかりのワカモノオスは、発情したメスをめぐってオトナオスと争っても勝敗は明らかだ。ワカモノオスはオトナオスたちの敵ではない。そのため、ワカモノオスたちは、競争相手のいないまだ性成熟に達していないチビメスを求め、交尾までするように変わっていったと考えるのが妥当だろう。

父親のいるクランに残るようになったのも、父親にとっては敵にはほど遠い息子のワカモノオスが、他のハーレムのチビメスと親しくしていても見過ごすことができるからだ。ワカモノオスが他のバンドのチビメスを強奪・誘拐するのも、相手がチビメスだからハーレムのオトナオスから見過ごされることになるのだろう。

このマントヒヒのワカモノオスの幼女誘拐やチビメスを連れ出して、自分の将来の交尾相手にするという行動は、否応なく平安中期に書かれた紫式部の『源氏物語』の若紫の話を思い出させる。主人公の光源氏が一八歳前後の時に、一〇歳以下のかわいい若紫を、手をつくして手元に引き取り一緒に暮らすという物語だ。ちなみに、光源氏は紫の上を含む多くの女性たちと性関係を営んでいる。まるで、マントヒヒのオスだ。

これは、物語だが、現実でも、成熟した女性よりも少女のような若い女性たちをちやほやする風潮がはびこっている。さらにはロリコンなどという言葉があるように、各地で起こる幼女を対象にした性的事件をニュースで知るたびに、ヒトのワカモノオスもマントヒヒのワカモノオスのように、小さな少女まで性的対象にするような行動要素を内に秘めているのではないかと恐れている。

ヒトの性関係は変化する

多彩な動物たちの性関係

二〇一〇年一〇月に、ケニアのルオ族の、妻を一〇〇人娶《めと》った男性が死んだことが報道された。家族が大勢で、一六〇人ものコドモがいるため、自分で教会や学校をつくったようだ。

現代の日本での婚姻形態は一夫一妻制、コドモにとっては一人の母親と一人の父親だ。これは中国や韓国、欧米の多くの国々においてもおおむねそうである。東アフリカ諸国ではイスラム教ではなくても、ルオ族の男性のように一人の男性が複数（多くは三人まで）の女性を同時に妻にすることが許されている。しかし、大半は一夫一妻の家族だ。

ヒトの婚姻形態は、民族・宗教・国によって制度として決められているので、それから逸脱した場合は罰せられることが多い。しかし、婚姻契約を結んでいない者たちの性関係は、その民族・宗教・国の婚姻形態に縛られるものの、ゆるやかなものとなっている。

動物たちの性関係には、一夫一妻、一夫多妻、一妻多夫、多夫多妻、乱婚のすべてのタイプが見られる。これらの関係は一発情季、一発情期間だけに焦点を当てている。つまり、ニホンザルの発情季は秋から冬にかけてだが、この発情季の間にどのような性関係をとるかということだ。一方、チンパンジーには決まった発情季というものがないから、メスが発情期間にどのような性関係をオスと結ぶかということだ。

◉――ほんの一部の哺乳類に見られる一夫一妻

一夫一妻は、一オスと一メスの性関係であり、スズメ、メジロ、ハト、カラスなど、ヒナの目が閉じ、身体に毛が生えておらず、自力で移動できない状態で生まれてくる多くの晩成性の鳥たちや、ほんの一部の哺乳類に見られる。

鳥たちの大半は一夫一妻であるが、今年の春はペアでしっかり育児をしてコドモを育て上げても、コドモたちが巣立つとペアは解消されるので、翌春の繁殖季には同じペアで性関係を結ぶことは稀である。

つまり、複数年を取り上げるならば、一夫一妻のメジロのオスとメスであろうと、複数の異性と性関係をとることになるのだ。見方を変えるならば、オスから見れば一夫多妻であり、メスから見れば一妻多夫ということになる。つまり、乱婚である。コドモたちから見ると、多くの仲間が血縁関係のある兄弟姉妹だ。

しかし、哺乳類で一夫一妻の性関係をとるキタキツネ、タヌキ、オオカミ、リカオンなどイヌ科の動物や、アフリカの半砂漠に棲むミーアキャット、齧歯目のカリフォルニアシロアシマウスやマーラ、兎《うさぎ》目《もく》のユキグツウサギ（Snowshoe hare）、霊長目のテナガザル、ヨザル、ティティなど、ほんの一部の仲間では、前年も、今年も、翌年も、というように、相手が生存している限り、同じ相手と一夫一妻の関係が続く。

つまり、一度ペアになると、コドモが親元から分散したあともオスとメスは一緒に生活し、翌年の発情季を迎えると再び同じ相手と

メジロは一発情季限りの一夫一妻だ

キタキツネは相手が生きている限り、同じ相手と一夫一妻の関係が続く

性関係を結ぶ。もちろん、相手の異性が死んでしまったら、他の相手を探すことになる。

◉——哺乳類の性関係の基本は一夫多妻

一夫多妻は、一オスと複数メスの関係であり、クマ、リス、ウサギ、クジラ、アザラシ、シカなど、ぼくらが名前をあげることができる多くの哺乳類がそうである。哺乳類の性関係の基本が、一夫多妻なのだ。

シカは冷たい雨が降る秋になると発情し、発情したオスはピーィという哀しげな甲高い鳴き声を谷間に響かせる。発情したオスたちは角を突き合わせて押し合い、勝った者がメスたちと交尾できる。負けた個体は交尾には参加できないアブレオスとなる。ほんの少数の勝者である屈強なオスだけが交尾できて、大多数は自分の子を残すことができないのだ。

シカのメスは母娘でメスグループを形成しているため、勝利したオスはメスグループのメスたちを独り占めして交尾し、発情が終わればメスグループから出ていく。

翌春、アカンボウが生まれる。その子がメスなら、母親がいるメスグループに残る。が、オスなら思春期になるとメスグループから分散していく。

翌年の秋に発情季が始まり、再びオスたちは争い、勝者がメスグループに入ることになる。

写真は、タンザニアにあるセレンゲティ国立公園のインパラのメスグループに、発情季になり一頭だけオスが入ったものだ。メスたちの発情が終わればオスはメスグループから出ていき、オスグループに戻る。

一夫多妻なので、オスには一生交尾に参加できない個体もいる。一方、メスは毎年優位なオスが変われば、複数のオスと性関係を結ぶことになる。コドモたちから見ると、血のつながった仲間が多い

インパラは、発情季だけ１頭の優位オス（左端）がメスグループに入って、一夫多妻の性関係を結ぶ。発情季が終わればオスは出ていく

インパラのオスグループ。セレンゲティで

ことになる。

◉複数の不特定の異性と交尾を行なう乱婚型

乱婚型は、オスもメスも複数の不特定の異性と交尾を行なう関係だ。

ニホンザルは秋から冬になると、オスもメスも発情して顔や尻が赤く色づく。この発情季中にメスもオスも複数の異性と交尾する。

あるいはチンパンジーは、メスたちが同時に発情する発情季というものがなくて、オトナメスに性周期があり三五〜三六日に平均六・五日間発情する。思春期を過ぎたオスはいつでも交尾可能である。メスは数日の発情期間中に、複数のオスと交尾する。

これら乱婚型の性関係では、オスは複数のメスを妊娠させることができるが、メスは発情期間中に複数のオスと交尾しても、一オスのコドモしか妊娠することができない。このことから、メスは交尾によってオスの精子を選択していることになる。

◉驚くべきハダカデバネズミの一妻多夫

一妻多夫は、一メスが複数のオスと性関係をもつ関係である。

ハチやアリなどの社会性昆虫といわれるコロニー生活をしている動物たちには、一匹の女王がいてコドモを産み、働きバチ、働きアリといわれる労働個体たちとともに生活している。写真は我が家の隣の家の駐車場にできたアシナガバチの直径一二〜一三センチの巣である。巣のまわりにとまっているのが働きバチだ。社会性昆虫の社会は、妻が一匹で複数の夫がいる家族である。

一妻多夫は、哺乳類でも見られる。東アフリカのケニア、エチオピア、ソマリアの半砂漠の乾燥地帯に、細めのナスくらいの大きさのハダカデバネズミという齧歯類が、強い日差しと乾燥を避けて地中の砂の中で約七〇〜八〇頭の集団で暮らしている。目は退化したように小さく、毛は触覚となる口のまわりや身体にまばらに生えているだけである。切歯《せっし》が異様に発達して伸びていて、いつも口から出ている。

アシナガバチの巣。直径 12 〜 13cm

最近の研究によると、このネズミは社会性昆虫と同じように、複数の世代が一緒に暮らし、労働や繁殖が分業され、共同して育児を行なう真社会を形成しているようだ。一頭の身体が大きい女王と二、三頭の繁殖オスと小さな身体の両性の労働個体と大きな身体の両性労働個体の四つのカーストに分かれており、女王が大きな力をもっている。もし、女王が死んだ場合は、大きな身体のメス労働個体の間で死をかけたような激しい争いがあり、勝者は、脊柱の間（椎間《ついかん》）が伸びて身体が倍以上も大きくなるようだ。身体の小さな労働個体たちは、育児、餌探し、巣材運び、トンネル掘り、巣穴の維持補修などを行ない、大きな労働個体はふだんは女王の世話をしているが、ヘビなどの外敵や他のコロニーとの接触があると前面に出て戦うようである。

女王や繁殖オス以外の個体は、卵巣や精巣の発達が悪く一時的な不妊であるが、両性の労働個体をコロニーから取り出すと、その両個体は双方とも身体が大きくなって交尾し、コドモを産むようだ。このことから、ハチやアリのような社会性昆虫のオスでもメスでもない不妊の労働個体たちとは異なることがわかる。

このネズミの社会を知った時は驚いたが、オオカミやリカオンなどで、性成熟に達しても繁殖にかかわらないで、親や兄弟の産むコドモの世話をするヘルパーの存在が知られていたので、十分ありうることがわかる。

一妻多夫は、コドモたちにはお父さんが複数いることになる。

◉──環境によって性関係が変わるセマダラタマリン

このように動物たちの性関係は、動物の系統や種において固定したものであり、ＤＮＡによって決まっているかのようである。

しかし、中南米に生息するサルの仲間の真猿下目広鼻小目《しんえんかもくこうびしょうもく》（ニホンザルやヒトは真猿下目狭鼻小目《きょうび》）マーモセット科のタマリンの仲間の性関係は、一夫一妻から一妻多夫などメスの社会的状況によって変わる。

上の写真は江戸川区立自然動物園のワタボウシタマリンである。タマリンの仲間は、アカンボウを一度に二、三頭産む。ニホンザルもゴリラもヒトも、ほとんどのサルの仲間は一度に一頭しかアカンボウを産まず、双子や三つ子はめずらしい。サルは樹上生活だから、生まれたばかりのアカンボウは

パンシェという名のワタボウシタマリン（写真提供／江戸川区立自然動物園）

エクアドルの密林のセマダラタマリン（写真提供／岡本勇太）

母親のお腹の毛皮につかまって運ばれる。アカンボウが二、三頭も産まれると母親は大変なのだ。

ペルーのマヌ国立公園でセマダラタマリンを調査・観察したA・W・ゴルディゼンによると、メスにコドモの世話をするヘルパーになれるようなコドモがいる場合は一夫一妻になり、生まれたコドモの運搬などの世話はヘルパーたちが手伝う。しかし、まだ若いメスでヘルパーになれるようなコドモがいないような場合は、複数のオスと性関係を結び一緒に生活する。オスたちは、メスが産んだアカンボウをみな「自分のコドモ」だと思って、樹幹を飛びまわったりして運ぶことになる。さらには一夫多妻の集団や多夫多妻の集団も報告されているが、これらについてはまだ詳しいことがわかっていない。

このように動物たちによって性関係が異なるのは、それぞれの動物の両性にとって、もっとも多くの健康で丈夫なコドモたちを性成熟まで残すためであると考えられている。

タマリンの性関係が、メスの社会的状況によって変わるというのは、性関係はDNAによって一義的に決まっているのではなく、条件によって変わりうる可能性があることを示唆している。

◉——ヒトの性関係も状況に応じて柔軟に変化する

ぼくは、一九九四年から三年間、タンザニアのマハレ山塊国立公園で、チンパンジーを人に慣らすためにトングエの人たちを計十数名雇っていたことがある。彼らとは、毎週四泊五日で森の中の草葺の小屋に泊まってチンパンジーを追った。夕食を終えると、しばらくは彼らとのおしゃべりを楽しんだ。時々、彼らは母親が病気だ、兄弟が死んだということで休むことがあった。

「エ？　ママヤコ　ムゴンジワ　テナ？」（え？　また、お母さんが病気？）

「ハパナ　ママムドゴ！」（いや違う、小さなお母さんだ！）

「？？？？？」

次ページ上の写真は、草葺の山小屋をつくってくれたムサラギ（右端）と息子のジュマヌネ（中央）の家族だ。ムサラギとジュマヌネの間にいるのがジュマヌネを生んだ母親で、ジュマヌネのすぐ隣の二人の女性もムサラギの妻であり、ジュマヌネのお母さんたちだ。若いお母さんをママムドゴと呼ぶのだ。

また、現代の日本や欧米では、一四、五歳の少女が六〇歳近くの男性と祝福されて結婚するなどありえないことだ。しかし、ぼくのチンパンジーの仕事を最初に手伝ってくれた忠誠心の厚い信頼できる男であったアリマシは、ぼくがたのんだ仕事を最初の奥さんとの間の息子のマダラカ（五八ページの写真右端）に譲り、孫ほどの少女と結婚した。

しばらくして、紹介してくれた孫ほどの少女は、彼の新妻とはほど遠い感じがした。それから三カ月くらいたって、再びアリマシは彼女を連れてきた。キゴマという町にボートで行く時に彼女を乗せてほしいというのだ。その時の彼女は、誰が見てもアリマシの奥さんだと思うような女性に変わって

草葺の山小屋をつくってくれたムサラギの３人の妻と息子のジュマヌネ。ムサラギとジュマヌネの間がジュマヌネの母親

ぼくの仕事を最初に手伝ってくれたアリマシと彼の妻と子どもたち

いた。アリマシに対する表情、動作、話し方などのすべてがそれを物語っていた。男と女の関係の不思議さを知った。

彼らのさまざまな家族形態や親族関係や親子の呼称、平等・対等な社会などが理解できるようになったのは三年目になってからだ。もし、一、二年で帰国していたら、トングエの人たちの社会を理解できず、自分の無知を棚に上げて彼らをバカにしていたかもしれない。

◉――ネパールの一妻多夫制の世界

アフリカから戻ったあと、二〇〇〇～二〇〇五年にかけて中国に生息するキンシコウの調査を日中共同で行なった。

ぼくを誘ってくれた日本人の先生は白酒《バイジゥ》を飲みながら、ヒマラヤ山麓でアカゲザルの分布調査をした時のことを話してくれた。

彼は、ネパールの農家に世話になりながら調査を続けた。翌年、再び調査に行き、同じ農家にやっかいになった。が、その時、その家にいる男は昨年いた男とは違うことに気がついた。

男が農作業に出かけたあと、「昨年いたご主人はどうした?」と奥さんに問うたところ、奥さんは「山で羊を追っていますよ」と言う。

「では、今、農作業している男は?」

「昨年まで、山で羊を追っていた夫です」

と笑って答えたそうだ。

もちろんのこと子どもたちも奥さんも、今いる男に対して、食事の時の会話など前の男と変わらない態度であったようだ。

先生は、頭では知っていた一妻多夫制の世界で生活している人々を初めて身近に知ることになったのだ。


このようにヒトの性（家族）関係も、地域や民族によって柔軟性に富んだものとなっているのだ。状況によって、さまざまな性関係がとられている。

ニホンザルやチンパンジーでは地域差を文化として認めているのに、あるいは、エジプトのギザのピラミッドやルクソールの遺跡やカンボジアのアンコールワット遺跡を尊び、その時代の宗教を含む文化や社会は理解しようとするのに、こと現代の身近な異文化の地域のヒトになると、なかなか理解しようとしないで、逆に相手を蔑《さげす》んだりする。

また、現在は一つの考えに収まらずに、多様な生き方や考えが求められているが、こと家族＝婚姻に関してはしっかりした枠があり、そこから逸脱することはできない。

みんながもっとも生き生きとできる、さまざまな生き方や考え方を認めることができる度量の大きな社会は、どんなに楽しく素晴らしいことだろう。

一番強い末娘ザル。長男ザルは？

◉末娘ザルが一番強い！

大阪府の箕面谷《みのおだに》の野生ニホンザルの群れを観察していて、「末子優位の法則」を発見した川村俊蔵（故人、元京都大学名誉教授）は、ちょっと異様にも感じられるサルたちの行動にとまどっていた。川村は直感を大事にしており、一緒に山を歩いたり、彼の運転する車の助手席に乗っている時などに、「この山には三群で一五〇頭のサルがいるだろう」とか「観察していてこうだ！　わかった！と思ったことがらは、ほとんど問題を解決できたのと同じだ！　あとは論文に仕上げるためのデータを取るだけだ！」などと、ぼくに話してくれた。

川村は、ぼくがまだ小学生の時に、ニホンザルの姉妹の中で一番順位の高いのが一番歳下の末娘であり、順位が一番低いのが最初に生まれた長女であることを明らかにしたのだ。

今のぼくらの感じからすると、え！　本当？と思うようなことである。

ぼくらヒトの家族では、たいてい長女や長男が強く、弟や妹は彼らにアゴで使われるようなところがある。

なぜ、末娘が姉妹の中ではもっとも順位が高くなるのか？

一対一の争いでは、当然身体が大きく腕力があって頭のよい個体の順位が上になる。これを基礎順位という。

しかし、「親の七光り」や「虎の威を借る狐」という言葉もあるように、力の強い者に助けられると、その個体をバックに力のないものが威張るという状況が生まれる。二個体の間に食物を置いても、実際には力の弱い個体がいつもその食物を取るという状況になる。

◉――母の力を借りて姉ザルを追い払う妹ザル

一六歳になるジュノーには、五月に生まれたジェーンというアカンボウメスと、ジュンコという二歳のメスがいた。三頭はほとんどいつも一緒にいた。秋になると、ジェーンはジュノーから離れて同年齢のアカンボウたちと遊んだりすることが多くなった。

1979 年の天昭山野猿公園の餌場

まだ、残暑が厳しい日に、湯河原の天昭山野猿公園餌場に久しぶりに大きなサイズの集団が現われた。管理人はどの個体もケンカせずに食べられるようにと、小麦を一・五メートル間隔で四本の帯状に撒いた。久しぶりの小麦を、みな大事そうに拾って食べはじめたが、すぐにいたる所で争いが始まった。

小麦の帯から少しはずれて、小麦を口に入れたままキィーキィーと鳴き叫ぶコドモメスがいた。ジュンコであった。

ジュノーはジェーンを抱きかかえるようにしてしゃがんで小麦を採食している。ジェーンも母親の腕の中で小麦を拾って口に入れている。

ジュンコはひとしきり鳴いて、再びジュノーの横で小麦を取って食べようとした。

ジェーンはジュンコが母親の横に来ただけで、再びキィーキィーと鳴いて母親に訴えた。

ジュノーはジュンコを怒って手で追い払った。

妹のモーレツにグルーミングするジュノー

再び、ジュンコは這いつくばってキィーキィーと鳴き出した。
このように一歳にも満たない末娘のメスがいる場合、長女や次女などの姉たちが末娘のそばに近寄っただけで、末娘がキィーキィーと鳴くと、母親が出てきて姉たちを追い払う。これが度重なると、この末娘が姉たちの近くで鳴いただけで、姉たちは逃げてしまう。母親という強い個体をバックにしているのだ。これを、霊長類学者の河合雅雄は依存順位と名づけた。
写真は妹のモーレツにグルーミングするジュノーだ。
ニホンザルのオスは、思春期に母親や姉妹がいる群れから出ていってしまうが、メスは母親のもとに残る。そのため、幼児のころに培われた姉妹間の順位が、オトナになっても続くことになる。これは、母親が死亡しても変わらないことが多い。

●――家族にも及ぶ姉妹の力関係

三姉妹だとすると、一番強いのは末妹、次に次女、長女の順に弱くなるのだ。

これら三姉妹がコドモを産んで娘たちができたとすると、末妹家族、次女家族、長女家族の順に、家族集団ごとに順位ができあがることになる。

これは「末子優位の法則」、または発見者にちなんで「川村の法則」と名づけられている。

法則にはたいてい例外があるように、末妹より、次女や長女のほうが順位が上の場合がある。

末妹の順位が決まらないうちに母親が死んだり、長女が優位なオスの庇護を受けた場合、長女が一番優位になることがあるのだ。

だが一般に、長女家族はもっとも低い順位に甘んじなければならない。飢餓状況が続いて餌をめぐる争いが多くなると、劣位の長女や長女家族が追い出されるようにして、食物が豊富と思われる他の地域を求めて群れから出ていくことになる。

群れの分裂は、このように劣位な家族集団が優位な他の家族集団と分離することで起きる。

なお、先ほどのジュノー一家は、ジュンコがその年の暮れに行方不明になった。二歳になっているので死亡したとは考えられない。好きなように食物が採れるところを求めて群れから出ていったのかもしれない。

なんと翌年の暮れにはジュノーも行方不明になった。この社会的原因ははっきりしないが、ジェーンだけが群れに残った。

◉――チンパンジーも初期人類もメスが生まれた群れから出ていく

ニホンザルを含むアジア・アフリカに生息する狭鼻猿では、メスが生まれた群れに残り、オスが生まれた群れから出ていく母系血縁集団を形成する。

ニホンザルが含まれる他のマカク属のサルたち、タイワンザル、カニクイザル、トクモンキー、アカゲザル、チベットモンキー、ブタオザル、シシオザル、マウラなど二一種やマントヒヒ（「マントヒヒの婚活」参照）をのぞくヒヒ属の仲間、およびアカコロブスをのぞくハヌマンラングール、キンシコウ、アビシニアコロブスなどの多くのコロブス亜科のリーフイーターといわれる仲間たちは、この母系血縁集団を形成するので、末子優位の法則が見られることになるのだが、例外も多く報告されている。

狭鼻猿でもまったく当てはまらないサルたちがいる。

それは、マントヒヒと、チンパンジーやボノボなどのヒト科の大型類人猿たちである。もちろん、ぼくたちヒトも含まれる。

チンパンジーやボノボなどの観察から予想されていたことであったが、最近の研究で、初期人類のアウストラロピテクス・アフリカヌスやパラントロプス・ロボストスもオスは生まれた地域に定住す

▲スラウェシ島のマウラ

▲ザンジバル島のアカコロブス（写真提供／矢部康一）

▼スリランカのハヌマンラングール親子

▲ジャワ島のカニクイザル

▲スリランカのトクモンキー

▼スマトラ島のブタオザル

マハレ山塊国立公園のチンパンジー

るが、メスは遠方の地に分散することが、歯のエナメル質に含まれるストロンチウム・アイソトープの分析によって明らかにされた。

チンパンジーも、ボノボも、初期人類も、生まれた集団から出ていくのはメスであり、オスが生まれた集団に残る父系血縁集団が形成される。

チンパンジーやボノボでは、確かにメスの思春期以後の群れからの分散と他群への移入が確認されている。

しかし、チンパンジーでは、オスの群れからの移出や群れへの移入はほとんど確認されていない。わずかに例外的に少数個体が確認されているにすぎない。

◉──チンパンジーの兄弟間の力関係はわからない

生まれた群れに残るチンパンジーの、オスの兄弟間の優劣関係はまったく明らかにされていない。というよりも、兄弟間の優劣を調査・観察することが難しいのだ。

チンパンジーのメスは、一〇歳を過ぎないと性成熟に達しないし、アカンボウを産むとアカンボウが離乳する五、六歳くらいまで発情しないのだ。発情して交尾し、妊娠しても二三〇日もお腹の中に胎児を抱えているのだ。チンパンジーの年子などありえない。ヒトがいかに多産であるかがわかるだろう。

四〇歳まで連続して出産して、コドモを離乳まで無事に育てたとしても、せいぜい出産回数は六回で六頭だ。半数がオスだとしても、たかだか三頭である。

乳児死亡や病死や事故死などを加味すると、これら三頭が思春期まですべて生き残ることはないだろう。生存率が五〇パーセントだとしても、兄弟の数は一、二頭である。これではなかなか兄弟間の優劣関係を調べることができない。

◉──現代日本社会における長男は？

現代日本でも、父系制の社会となっており、代々長男が家を引き継ぎ、娘は他家へ嫁として出されることが多い。日本の家族の兄弟姉妹の中では、長男が一番強い＝優位になっている。それは、長男が、ニホンザルの末の子のように鳴いて母親に訴えるからではなく、家族や親類を含むまわりの者たちが、長男を次男や三男以上に引き立て、長男もそのような振る舞いをするから、知らず知らずのうちに弟たちは頭が上がらなくなるのだ。

どうして長男を立てるようになったのだろうか？

初期のヒトたちにとって、まず生存のために食物を獲得することが最大の関心事であったであろう。狩猟や採集でしか食物を得られなかった初期のヒトたちにとっては、狩猟で大型動物を一頭得られれば、たくさんの仲間と分けて食べることができ、しかも誰もが満足できるので、狩猟を上手に行なうことができるオスは大事にされたであろう。

乳児死亡率はそうとう高かっただろうから、狩猟ができるオスの子はメスの子よりも格段に大事にされたであろう。

当然、最初に生まれたオスは、あとから生まれてきた弟たちよりも早く狩猟に参加しているので、その技術はより優れていたであろう。

このように、初期のヒトのころからの最初に生まれたオスを大事に育て上げるということから、長男を立てるような文化ができあがってきたのだ、とぼくは考えている。

世襲議員と虎の威を借るニホンザル

母親の背で威嚇するチビオス

◉オスザル・ミチオはなぜ威張っているのか?

手垢と汗で汚れた三五年前のフィールドノートを開いている。

上端には日付と天候が書かれている。シャープペンシルで書かれた時刻とサルの様子を書いた字を見ていると、当時のことが浮かんでくる。

七月中旬なのに、もう南太平洋で台風が発生したと小屋の中のラジオでは言っている。梅雨が先週終わって晴れ間が出てきたばかりだというのに、今日は戻り梅雨のような天気である。

ぼくはしょぼしょぼ降る雨を、小屋の戸口を開け放して熱いインスタントコーヒーを飲みながら

冬の天昭山野猿公園餌場（1973年2月）。この小屋に泊まった。飲料水は前の沢の水

ぼんやり見ている。昨夜は一人で泊まったのだ。一人の時は、寝るのも起きるのも早い。ここは湯河原の天昭山野猿公園餌場である。

突然、戸口の前にあるモミジの枝がバサっと揺れたかと思うと、どーんと小屋の屋根にサルが跳び下りた音、続いて前方の砂防堰堤の上に三、四頭のオスたちがやって来た。全部で五頭のオスグループだ。

彼らは、堰堤の上で、次々にマウンティングをしている。上に乗られた劣位の姿勢のオスは泣きっ面をしている。また、自ら進んで身体の大きな優位な個体に尻を突き出しているものもいる。

次々に上に乗って優位な姿勢をとった個体は湯河原のパークウェー群生まれのミチオであり、乗られた個体も同じ群れで生まれた。しかし、ミチオは、出身群が不明の他の大きな二頭には

堰堤の上のミチオ（左）と他のオス

頭が上がらない。一番強い大きな個体には、自ら進んでマウンティングをさせたが、少し歳をとっていると思われる個体には少し拒んでいるようだったが、しぶしぶマウンティングさせた。

ミチオは、パークウェー群の血縁集団の中ではもっとも順位の高いメス、ミチの息子であり、同年齢の他のオスたちは二、三年前に群れから出ていったのに、まだ群れから離れずに残っていた。ミチオは群れ内では、母親ミチの庇護のもとに生活していた。他の二頭のコドモオスはミチオの強さというか、ミチオに手を出すと母親のミチに攻撃されることを知っているので敵対できないでいた。

まるで、母親の強さをそのままミチオが受け継いでいるかのようだ。

しかし、パークウェー群生まれでない他の大きな個体は当然、ミチオの母親がパークウェー群の中では順位がもっとも高いなどということは知らない。そのためミチオ（写真左）は相手の身体の大きさや力強さを認めて、あえてケンカをしてケガをするなどというバカげた行動をしないで、自ら進んで劣位の行動をとっている。

◉——儀式化されたオスたちの争い

劣位の行動とは、身体を小さくして、地面に這いつくばるように身を沈めることと、その姿勢で相手にお尻を出すことである。もちろん、泣きっ面も劣位を示す行動になる。

動物たちの順位は、個体の身体の大きさなどの強さで決まる。身体の大きさは、同種の仲間とケンカする時には有利に働く。そのため、食物を得るためだとかメスを得るためにケンカをする動物たちは、戦いの武器となるものをもっている。

ウシやシカの仲間では、角《つの》がメスをめぐって争う時に使われる。この場合は身体の大きさも効いてくる。

アジア・アフリカに生息する狭鼻猿では、身体の大きさと犬歯が食物を得るためにも

インパラのオス同士。ナクル湖で（写真提供／竹下史也）

トムソンガゼルのオス同士の押し合い。アンボセリで（写真提供／竹下史也）

メスを得るためにも武器となっている（なお、中南米に棲む広鼻猿もオスの犬歯のほうがメスよりも長く大きいが、狭鼻猿ほどの差はない）。

オスたちは、それらの角や犬歯や身体の大きさなどの武器を用いて争う。しかし、同種のオス間の争いは、非常に儀式化されたものである。

ウシ科やシカ科の動物たちは、実際に角を頭からぶつけて押し合って争う。写真のインパラやトムソンガゼルのオスのように、しっかり相手の角と自分の角が上手くかみ合うようにぶつける。決して角で相手のわき腹を突いたり、尻を突いたりすることはない。

当然、争いの時には、二頭が互いに向き合って、まるで相撲の立ち合いのようにしてぶつかり合うのだ。もちろん、強弱の差が歴然としている個体同士では、弱い者は争わないでその場から退却する。

肉食動物たちの同種の個体間の争いは、長く大きな犬歯で相手の腹や尻に嚙みついたり、弱い咽喉に嚙みついたりはせず、互いに毛を逆立て、口を開けて犬歯を見せにらみ合った段階で、弱い個体は退却することが多い。実際に争いになっても、相手が劣位の姿勢をしたらそれ以上攻撃することはなく、互いに相手が死ぬまで争うことはほとんどない。

◉――順位が決まっていないニホンザルの熾烈な戦い

これがサルの仲間だと、事情が少し変わってくる。

まず知ってもらいたいのは、チンパンジーでは、群れのオスたちが隣接群を数度にわたって攻撃して、その群れのオスたちをすべて殺していることが、複数の場所でのチンパンジーの観察から明らかにされている。

ニホンザルでは、メスがケガをするのは、発情した時にオスから攻撃を受ける時だ。オス同士の場合、多くは、相手の社会的地位を知っているので、群れ内のオス同士のケンカが、互いにケガをするような激しい争いになるのは見たことがない。たいてい劣位個体が身体を低くして尻を出すプレゼンティングの姿勢をし、優位個体が劣位個体の背に乗るマウンティングなどの儀式化された行動をして終わる。

しかし、群れのオスと群れに接近してきたハナレザルのオスとの間ではそうはいかない。相手の力量を推し量るために、互いに大きなモミやスギの木の梢で木揺すりをしてみせたり、頭を下げ、腕や肩の毛を逆立てながら、歌舞伎役者が見得を切るような動作でゆっくりと歩く。たいていはそれで決まり、弱いほうが強い個体にプレゼンティングして終わる。

だが、互いに自分のほうが強いと感じると、口を開けてぶつかる。犬歯で、相手の腕を肘から切り落とすこともあれば、相手の鼻や唇、耳、頬袋を噛み切ったりする。写真（次ページ右上）のケンはオトナオス同士の争いで鼻をケガし、グシャオ（右下）は接近してきたオスに鼻から上唇や上顎を噛み切られ、伊豆半島波勝崎《はがちざき》の群れの二歳のオス（左上）はグシャオと同じように鼻から上唇を噛み切られている。

伊豆半島波勝崎の２歳のオスは鼻から上唇を噛み切られている

ケンはオトナオス同士の争いで鼻をケガした

東丹沢の群れにいた左腕の手首から下がないオスザル

グシャオは接近してきたオスに鼻から上唇を噛み切られた

ちなみに、時々足首がない片足のサルがいるが、あれはワイヤーでつくったククリワナにかかって足首から取れたものであって、サル同士のケンカによるものではない。

左下の写真の東丹沢の群れにいたオスザルの左腕の手首から下がないのは、オス同士のケンカによる。

このように順位の決まっていない同種の個体間では、争いが頻発する。

ニホンザルやキンシコウは、思春期に生まれた群れからオスが出ていく。群れから出たオスは、他のオスと出合うと互いに相手の力量を見抜かなければいけない。世間知らずのワカモノが、大きく強い個体に、戦いを挑むことはない。戦いを挑んで大ケガをし、片腕となってしまっては、もうその後はどんな個体との関係でも劣位に甘んじなければいけないのだ。

ライオンは生まれたプライド（群れ）から兄弟一緒に出ていく。放浪しながら他の動物が食べ残した肉を食べたりして成長し、力を蓄えるまでじっと待つことのできるオスの兄弟たちだけが、他のプライドを乗っ取ることができる。

ライオンにしても、ニホンザルやキンシコウにしても、生まれた群れから出てしまえば誰も助けてはくれない。争いがあっても自分が弱いと感じれば、強いオスに従って耐えるだけである。

◉――ヒト社会でも生じるワカモノオス・ミチオ現象

このように同種の個体間の順位を決めるのは、その個体の基礎的な体力や知力による強さである。これを基礎順位という。

しかし、ミチオと、同じ群れ生まれの他のオスとの関係は基礎順位ではない。ミチオと同じ群れで生まれたオスたちは、ミチオの生まれた群れ内での順位を知っている。その順位とは、ミチオの母親のミチが群れ内でもっとも強いメスであるということだ。

ミチオは群れから出ても、同じ群れ生まれの他の二頭のオスには、群れにいた時と同じように強さを誇示できるし、その二頭もミチオに逆らおうとしない。ミチオは母親の依存があるから、生まれた群れ内で強さを誇示できた。それが、群れから出ても同じ群れ生まれのサルたちには残り、まるで基礎順位のようになっているのだ。

私たちヒトでは、オスの子が生まれた集団（家族）に残り、メスの子が他の集団（家族）に嫁入りするために出ていく。これは、ヒト化への道をたどりはじめた初期人類のアウストラロピテクス属、パラントロプス属や現存のヒト科のチンパンジー属でも同じである。父系制の社会であることが明らかにされている。

現代の日本社会でも、オスが生まれた集団に残り、その地域に居残る場合が多い。そうなると、父系の地域集団内の社会的地位や評判が、男の子に当然のように受け継がれていくことになる。

それは、父や祖父に対する地域集団のヒトたちの敬ったりあるいは逆に見下したりする行動が、そのまま小さな息子にまで及んでしまうということだ。ミチオに見られた依存順位と類似したものが、ヒトの社会でも生じているのだ。

これが、世襲議員が出てくる背景だろう。地盤も看板も鞄も祖父や父が築いてくれたものがある。これでは、ますます三世、四世議員が増加し、三バンがない候補が勝つのは難しくなる。

サルの社会も長いものには巻かれろ

突然、一頭を集中攻撃するサル集団

一九七〇年代の中ごろ、夏休みを利用して、日本の各地でニホンザルを調査・研究している若者たちが、屋久島の西部林道沿いの半山《はんやま》に集まってキャンプしながら、みんなでヤクシマザルを追った。写真は、宮之浦港から眺めた雨雲に覆われた、「月に三五日雨が降る」と林芙美子が『浮雲』で記した屋久島だ。

だが、この夏、ぼくが見た眼下の海は、ガラスのかけらを撒き散らしたのではないかと思うほど、高く上ってきた朝の日の光を浴びて、キラキラと輝いていた。

雨雲に覆われた「月に35日雨が降る」と言われる屋久島の宮之浦港（写真提供／五本孝幸）

ぼくは、林道の海側の斜面の中の木生《もくせい》シダのへゴの下で暑くなってきた日差しを避けて、六〇頭は超すと思われる半山群と名づけられたヤクシマザルたちをぼんやりと見ていた。

昨晩も屋久島焼酎の三岳《みたけ》を飲んで、遅くまでわいわいと議論しすぎた。それにもかかわらず、朝はまだ暗いうちに起きて、六時には現場に直行だ。寝不足と疲れと暑さで日中は森の中でウトウトする。

サルたちは、それぞれが涼しい木陰でグルーミングをしている。遊んでいるコドモたちの姿も見える。朝の採食が終わり、穏やかな休息のひとときであった。

メスが「キィ、キィー」と半分甘えて助けを呼ぶ鳴き声が聞こえた。

ぼくは、うん？　どのサルだ？と、声がしたアオモジの一・五メートルほどの高さのブッシュの

岩の上で固まってグルーミングする屋久島のサルたち

ほうを見る。

突然、「ガッガッガッガッガッガ！」と、谷間を引き裂かんばかりの大きな音声。

と同時に、地面全体が動くかのように、それまで休息していたサルたちがいっせいに同じ方向へ向かって走り出し、一頭のサルを追う。一〇秒ほど大勢の者たちが一個体を追う行動は続いただろうか？　サルたちはまた戻ってきて、何もなかったかのようにグルーミングを始めた。

この不思議な行動は、当時京都大学の大学院生だった渡邊邦夫（現京都大学名誉教授）が、若狭湾に突き出る音海《おとみ》半島の群れの観察によって、「連合形成」として報告したものだ。

この協調した攻撃行動の原因はさまざまであり、ぼくから見ると、些細なことでこのように群れの個体が一丸となって攻撃行動を行なうように思える。

観察していると、ある特定の一個体が攻撃されることが多い。しかし、森の中なので誰が攻撃されたのかを見きわめるのが難しいことが多い。

◉――ボスザルの屈辱的な事件――メスザルの不満が大爆発

ぼくがおもに観察していた箱根天昭山群で、ボスがメスたちに攻撃されたことがあった。

サルナシの美味しい実

夏の暑さがまだ残る九月下旬、箱根天昭山群のサルたちはサルナシを求めて移動する毎日である。

この時季のサルナシの実は堅く、ぼくらにとっては酸っぱいしちっとも美味しくない。一一月になればよだれが出そうなくらい甘く柔らかい果実になるのに、サルたちはなぜか堅く酸っぱいサルナシの実が大好きだ。この時季の彼らの糞は、ほとんどすべてサルナシの果実の皮と種子からなっている。

ある時、天昭山野猿公園餌場から尾根を二つ隔てた南斜面でサルたちを観察していた。

ボスのゴエモンが率いるこの集団は、コナラやアブラチャンなどの低い木々にからみついているサルナシの実食いが

管理人の撒くサツマイモの切れ端を採食するサルたち

すんで、それぞれが思い思いに休息しはじめていた。親子や姉妹でグルーミングをする者、木陰でウトウトしている者、サルナシの蔓にぶら下がったり落ちたりしながら遊んでいるコドモたち。穏やかな光景であった。

が、突然、メスやコドモたちが、大音響の「ガッガッガッガッ！」という音声とともに、斜面に駆け上った。

一緒にいた観察仲間が、「誰？　誰が追われているの？」と、ぼくに聞いてきた。もちろんぼくにはわからない。

その時、斜面に駆け上ったかと思ったサルたちが、逆に斜面を駆け下りるかのようにして沢に戻ってきた。

「ゴエモンだ！」

ボスのゴエモンが必死の形相で走り下りてきて、対岸のスギ林の斜面に入っていった。

その日の夕方、この集団のメスやコドモたちは餌場にやって来た。小麦を撒くと、ばら撒かれた小麦の粒を拾って食べはじめた。

いつの間にか、追われたゴエモンがいた。彼はいつものように、何事もなかったかのように餌場の真ん中で、尻を地面につけて両足を開き、片手をついた姿勢で小麦を食べている。

メスやコドモたちも、ゴエモンを無視するかのように静かに採食している。

このゴエモンにとっては屈辱ともいえる事件のあと始まった交尾季に、ゴエモンは隣接群のパークウェー群に出向いてその群れのメスと交尾をして、群れを留守にすることが多くなった。

須雲川群に接近していた入れ墨 No.13 オスのゴエモン

事件があってから一年後に彼は箱根天昭山群から出ていき、北に約四キロ離れた畑宿《はたじゅく》地区の有志によって時々餌が与えられていた須雲川群に接近していたのを最後に、行方がわからなくなった。

ボスであるゴエモンが、大半のメスやコドモたちから追われた直接の原因が何かはわからないが、ぼくは、メスたちの間にゴエモンに対する不満があったために生じた一斉攻撃であったと考えている。

九月下旬のそろそろ発情季に入りかける時季に、群れのメスたちから絶縁状を叩きつけられたからこそ、彼は箱根天昭山群にいづらくなって出ていったのであろう。もちろん彼のほうとしても、パークウェー群のメスを求めたように、他の群れのメスを求めて出ていきたくなっていたことも、彼がボスの座を捨ててまで群れから出ていった原因であろう。

◉——キンシコウの集団攻撃のパターン

一斉攻撃行動は、キンシコウでも見られる。

キンシコウもニホンザルもアジアに生息する狭鼻猿であるが、キンシコウはオナガザル上科のコロブス亜科に属し、ニホンザルはオナガザル亜科に属する。

キンシコウの群れはニホンザルの群れとは異なっている。

ニホンザルの群れは、メスたちとコドモたちよりなる複数の近縁の母系血縁集団の中に、よそから入ってきた複数のオスがいる、複雄群を形成する。

一方、キンシコウは、メスとコドモの集団に、よそからやって来たオスが一頭だけいる、単雄群が社会集団の基本単位であり、この単雄群が複数集まって群れを形成する。単雄群の大きさは、オトナメスが一〜六頭とコドモたちがいる。コドモオスは思春期になると生まれた単雄群や群れから出ていき、オスグループに加わったり単独で放浪する。

群れ内の複数の単雄群間には、親密な集団とそうでない集団とがあるため、たとえば六つの単雄群からなる群れは、二個の単雄群と四個の単雄群に分かれたり、合流したり、あるいは一単雄群が他の

休息中のキンシコウの単雄群。左はオトナオス

五単雄群から離れたりして、離合集散を繰り返す。

発情季はニホンザルと同じように、晩秋から冬場の二、三月くらいまでだ。

ぼくは、二〇〇二年二月に、中国陝西省《シャーシー》の南部に横たわる秦嶺《チンリン》山脈に生息するキンシコウを、西北《シーベイ》大学と共同で調査・研究していた。

大学院生の張《チャン》君が、「ロォーロォーロォー」と、サルたちを呼ぶように叫んで、餌の輪切りに細かく切った大根を撒き終わった。ぼくは左岸の斜面に腰を下ろし、三脚にビデオをセットし、キンシコウたちの動きを見ている。

左右の斜面の樹上にいたキンシコウたちは、それぞれの単雄群ごとにまとまって餌場に下りて来ている。すでにボスの紅点《ホンディエン》が率いる単雄群の個体たちと、ボスの黒頭《ヘイトウ》が率いる単雄群のメスやコドモたちが大根を食べている。

黒頭の単雄群の一頭のメスと、斜面から下りてき

攻撃後、互いの緊張をほぐすように抱き合う黒頭（オス）とメス（手前）

た他の単雄群のメスとの争いが始まった。と、間もなく、黒頭を含むグループのすべての個体がいっせいに、他の単雄群をワァーオー、ワァーオーと叫びながら、ダッダッダッダッと追いかけた。

黒頭と追われた単雄群のボスが、肩を怒らして口を大きく開けて長い犬歯を誇示し、手を出したり引っこめたりしている。が、それもすぐ終わり、黒頭たちは再び餌場の中央付近に戻った。黒頭とメスの一頭が、今の争いの緊張感をほぐすかのように互いにハグハグし、しばらく抱き合ったままでいる（ニホンザルではこのような抱き合いは見たことがない）。

ニホンザルでは一個体が大勢に追われるが、キンシコウではこのように一つの単雄群が他の一つの単雄群をいっせいに追う。実際は、オスが他の単雄群のオスを攻撃するのに呼応して、メスたちが追随攻撃し、攻撃されたオスについてその単雄群のメスたちも逃げるのだ。

このように一対複数か、複数対複数かの違いがあるにせよ、ニホンザルもキンシコウも、争いの当事者とは関係のない者たちがいっせいに攻撃するということに注目したい。事情をまったく知らないのに、まるで付和雷同しているかのようである。

ヒトでも起きる集団攻撃

ヒトでも、事情もよくわからないのに、攻撃する側について騒ぎ立てるということがある。あるいは、サルたちのように、強い個体が先頭に出て攻撃すると、まわりにいたまったく無関心だった個体が、その強い個体に加勢するように一緒になって攻撃する。そうしなければあとで仲間からつま弾きにされたり、後ろ指を指されたり、また強い個体から一緒に参加しなかったと思われるのを恐れるからだろう。

ニホンザルやチンパンジーを含むサルのオスには、リーダー・フォロワー（親分・子分）の関係がある。劣位のオスが優位なオスに従うという関係だ。

アジア・アフリカの狭鼻猿のなかで、ニホンザルやキンシコウはオスが思春期に出生群から分散し、単独でいたり、オスグループを形成し、その後他の群れに接近し、加入する。

加入しても三〜五年で再びそこを出る。これを二次分散というが、二次分散したオスは、出生群から分散したばかりの若いオスともオスグループを形成する。このような場合は力の差が明瞭なので、若いオスは二次分散した壮年のオスに、まるで子分のようにつき従う。

これが、大きなサイズのオスグループになっても、劣位の個体は、強い個体に従い、あとを追うようについていく。

チンパンジーは、生まれた群れにオスが残るが、劣位な老齢個体や若い個体は、優位なオスにつき従う。

この関係は、他の集団生活をするような哺乳類では、調べられていない。

ぼくらヒトでも、仲間内で強く主張した者に従いがちであるということは誰もが経験している。

これが、強いほうに加担する一斉攻撃行動が起こることと関係しているのではないだろうか？

その場の状況も知らずに、多くの直接関係のない者たちまでもが優位者に従ったり、直接従わないまでも見て見ぬふりをすることによって、劣位者が村八分にされたりいじめられることにもつながっているのではないかと思う。

ヒトの社会では、長いものに巻かれてはいけない、と思うのだ。

ニホンザルの婿入り・ヒトの嫁入り

親元から離れていく動植物

どんな生物も、生まれた場所から離れていく。

生まれた場所でそのまま生活していく生き物はほとんどいない。

タンポポは花が終わったあと、綿毛をつけた種子というコドモをつくる。そのコドモは風に乗って、親元からはるか離れたところにたどり着いて、そこで発芽・生長し、再び花を咲かせてコドモを遠方へ飛ばす。

サルナシは、動物たちが大好きな果実だ。クマもサルもテンもハクビシンも食べる。もちろん、ぼ

サルナシの種子と果皮だけよりなるテン糞

釧路湿原の遊歩道で出合ったシマリスの兄弟

くも大好きだ。動物たちに食べられたサルナシの種子は、消化されないでウンチとして排泄される。サルナシの種子は、動物たちのお腹の中に入って、親のもとからはるか遠方へ運ばれて発芽することになる。

オナモミやセンダングサの種子は、ヒトの衣服や動物の毛について遠方に運ばれる。

このようにコドモが親元から離れていくのは、何も植物に限ったことではない。鳥も哺乳類などの動物たちもそうだ。

スズメやヒバリのヒナたちは親鳥に大事に育てられて羽が生えそろい大きくなったら、親元から飛び立っていく。巣立ちである。リスやクマ、キツネやシカやサルなどすべての哺乳類たちも、コドモたちは生まれた場所や生まれた集団から出ていく。

このように種子や動物のコドモたちが、生まれた場所から遠くに移動することを分散という。

◉——性によって異なる哺乳類の分散

興味深いことに、哺乳類ではこの分散の仕方が他の動物たちと違っているものがいる。どんな生き物でも生まれた場所から離れていくと言ったが、哺乳類では親元から離れていくコドモが性によって違うことがあるのだ。コドモの性によって、つまりオスかメスかによって、親元から離れていくコドモがいたり、親元に残るコドモがいたりするのだ。

多くの単独性の哺乳類、たとえばネズミやリス、ノウサギ、ムササビ、テン、イタチ、クマ、イノシシは、オスもメスもふだんは単独で生活している。発情季が来てオスとメスが出合って交尾するが、オスはまた新たな妊娠していないメスを求めて、交尾したメスから離れる。メスは妊娠しコドモを産むが、メス一人でコドモの世話をしなければいけない。

釧路市郊外の塘路湖付近で会ったワカモノのキタキツネ

母親の世話を受けて元気に育ったコドモたちは、思春期を過ぎた夏ごろに、母親のもとからオスの子もメスの子も追い出される。

これは、タヌキやキツネのようにペアで育児を行なう動物のコドモたちも、「子別れの儀式」として知られているように、一年以内にオスの子もメスの子も親元から追い出される。写真のキタキツネは、七月下旬に釧路市郊外の道に餌をもらいにきた、親元から離れ

東丹沢で会ったツキノワグマの２頭のコドモ。オスのコドモは早く追い出される

南アフリカのマディクウェ・ゲームリザーブで写したインパラのメスグループ。メスのコドモは母親のもとに残る

て間もないワカモノだ。

しかし、ツキノワグマやヒグマでは、コドモたちは母親とともに二、三年一緒に暮らし、その後、母親のもとから追い出される。オスの子は早くに追い出されるが、メスの子はあとあとまで母親と一緒に生活し、母親と変わらないほど十分大きくなってから離れる。

東丹沢のハタチガ沢で出合った母グマには二頭の子グマがいた。上の写真の木の幹の右側の黒い二頭がそうだ。メスの子ならあと二、三年は母グマと一緒に生活するのだ。

さらに、ニホンジカでは、オスの子は一歳になる思春期のころに生まれた集団から出ていくが、メスの子は母親がいる生まれた集団に残り、メスグループをつくる。下の写真は南アフリカのマディクウェ・ゲームリザーブで写した、ウシ科のインパラのメスグループである。

これらのシカやウシなどの仲間はメスグループをつくり、オスは発情季に一頭入ってくるだけだ。もちろん発情季が過ぎると、オスはメスグループから出ていく。

◉──メスが残りオスが出ていくニホンザル

が、ニホンザルの群れにはメスやコドモとともにオスがいる。メスグループに、発情季・非発情季を問わず年中オスが加わっているのだ。

アジア・アフリカに生息する、狭鼻小目オナガザル上科オナガザル科のサルたちのニホンザル、キイロヒヒやゲラダヒヒやサバンナモンキーなどのオナガザル亜科の仲間、さらにはリーフイーターと呼ばれるハヌマンラングール、キンシコウ、シロクロコロブス、テングザルなどのコロブス亜科のほぼすべての仲間は、メスは生まれた群れに残るがオスは生まれた群れから出ていく母系制の社会をつくっている。

生まれた群れから出たオスは単独でいたり、オスだけの集団（オスグループ）を形成したりしたあと、他の群れに近づいてその群れの個体と親しくなって加入する。そこで、発情季がくると群れのメスと交尾して子を残すことになる。

ニホンザルの群れのメスやコドモの間には血縁関係があるが、群れ内に存在するオトナオスは他の群れ生まれのオスであり、メスたちとの間に血縁関係はない。

◉――オスが残ってメスが出ていくチンパンジー

一方、同じアジア・アフリカに生息する狭鼻小目のサルでも、ヒト上科ヒト科チンパンジー属のチンパンジーやボノボは、オスが生まれた群れに残り、思春期にメスが生まれた群れから出ていく。群れを出たメスは、ほとんど寄り道をせずに他の群れに加入して、そこでコドモを産む。

同じヒト科でもゴリラ属はニホンザルと同じように、オスが生まれた群れから出ていくが、メスの生き方は多様である。群れに残ったり、単独生活をして他の群れから出てきたオスと新たな群れをつ

マハレM群からB群へ移籍したワカモノメスのトゥーラ。マハレ山塊国立公園で

くったりする。なお、生まれた群れから出たオスが、オトナになって群れに戻って父親の群れを引き継いだ例も観察されている。ゴリラは森林破壊と密猟の影響を受けて数が減っており、まだ、しっかりしたデータが整っていないと考えられる。

いずれにしても、ニホンザルを含む多くの社会集団をつくる哺乳類ではオスが婿入りするが、チンパンジーやボノボではメスが嫁入りする社会であると言い換えることができる。

◉――ヒトはメスが残るのか、オスが残るのか

私たちヒトもチンパンジーと同じヒト科のサルだ。現存の狩猟・採集民の研究から、ヒト化への道を進んだ祖先たちは、チンパンジーやボノボと同じように、メスが生まれた家族集団から出て他の遠方の集団へ嫁入りし、オスが生まれた集団に残ると考えられてきた。

このように言うと、現在のヒトは、母親が強く、母娘の絆が強い社会ではないかと疑問に感じる読者の方がいるかもしれない。しかし、日本・中国・欧米やその他多くの国々に見られるように、一般に家を継ぐのはオスであり、メスは他家へ嫁ぐかたちとなっている。

二〇一一年六月、ライプツィヒのマックス・プランク進化人類学研究所でサンディ・R・コープランドらの国際チームによって、二八〇万〜一四〇万年前まで南アフリカに生息していたアウストラロピテクス・アフリカヌスやパラントロプス・ロボストスなどの、ヒト化への道をたどりはじめた初期人類といわれるヒトの祖先たちも、チンパンジーやボノボと同じく、オスは生まれたところに定住し、メスは生まれた地域から遠くへ分散する傾向にあったことが、彼らの歯のエナメル質に含まれるストロンチウムの同位元素を分析することによって明らかにされた。

これは、サルたちの中でもヒト化への道をたどりはじめた者たちや、アフリカの大型類人猿たちに見られる分散の特異な傾向であり、性によって異なる分散の仕方はその動物種の系統やDNAによって決められているのではないかと思うほどだ。

我が家では、ニホンザル化が起こっている。娘が性成熟を過ぎても家に残っているのだ。このままだと、サザエさん家族のようになるかもしれない。

ぼくに会ってショック死したニホンジカ

メスジカ

太らないように苦労する現代日本人

最近、太っていることが「売り」のタレントが、テレビのバラエティ番組で目立つようになった。大きなお世話だとは思うが、あれでは糖尿病や高血圧症になって早死にするのではないだろうか、と心配になる。

今の日本は、健康志向が高まり、肥満は万病のもとだからとコドモもオトナも、多くの人たちが太らないように苦労する時代となっている。

ぼくがコドモのころの一九五〇年代は、ほとんどの日本人はやせていて、とくにコドモたちは栄養状態が悪かったので、小学校では肝油という栄養剤が配られたものだ。

太る原因はわかっている。人々が身体を動かさなくなったことだ。同じ量、もしくは昔より高カロリーのものを食べているのに、五〇年前に比べて、オトナばかりでなくコドモも圧倒的に身体を動かさなくなっているからだ。

一昔前の主婦なら、一番の重労働は洗濯だっただろう。手でズボンやシーツを洗ったことがあるだろうか？　靴下を洗うのとは訳が違う。重労働だ。ぼくは学生の時、下宿で手洗いしていたし、アフリカや中国のサルの調査地でも手洗いだった。

ご飯を炊く時は、ご飯釜を絶えず見守りながら火の調節をしなければいけない。さらに部屋の掃除。窓や障子、茶箪笥などにハタキをかけ、縁側や廊下を雑巾で拭き、玄関まわりを掃き、拭き、窓ガラスを拭き、磨くのだ。

そのような家事で一日が終わる。もちろんこれらの家事のいくつかは、コドモたちにもあてがわれた。

自家用車を持っている人はほとんどいなかった。

大きな荷物が届いたら、駅まで行って、リアカーに乗せて三、四〇分も一時間もかかって運ぶのが普通だった。宅配便なんてなかったのだ。

だから、ぼくがコドモのころの多くの日本人は、摂取するエネルギーよりも消費するエネルギーのほうが多かったので太れなかったし、コドモの成長も悪かったのだ。

食べられる時に食べられるだけ食べる動物たち

サルやタヌキ、カモシカなどの野生の動物たちはどうだろうか？

彼らは、いつも腹一杯食べようと努力しているかのように思える。

動物たちは年中一生懸命食物を探して、見つけしだい食べている。それでも餌がまったく取れなくなるような冬季には、冬ごもりや冬眠をして、その時季を乗り越えるクマやヤマネのような哺乳類も

カモシカ。野生動物は食べられる時に腹一杯食べようとしているように見える

冬眠前のヒグマ。餌がまったくなくなる冬は冬眠する（写真提供／矢部康一）

ムササビ。秋には春・夏に比べると立派な身体つきになる。丹沢山麓で（写真提供／竹下史也）

いる。

クマやヤマネあるいはシマリスなどのように、冬季は冷たい風が当たらないような場所に引きこもってじっとしている動物は、夏から秋の山の幸が実る時には、食物をたくさん取らなければならない。冬ごもりしないサルやシカ、カモシカやムササビなどの哺乳類でも、秋には春や夏に比べると見違えるほど立派な身体つきになる。春から秋にかけて、木の実や柔らかい草や葉などをたくさん食べることができるからだ。

餌が乏しい冬季には、サルもシカもカモシカも硬い樹皮を剝がして食べたり、冬芽を食べたり、草木の根を引っ張ったり、掘り起こしたりして食べる。もちろん林床に落ちているブナやコナラなどのドングリがあれば、落ち葉を搔き分けて探して食べる。しかし、雪が五、六センチでも積もったら、サルはもう雪を搔き分けて探すことができない。

それでも、植物食を主とするサルやシカやウサギのような動物はまだましだ。厳冬期でも雪の上に出ている樹木の枝や樹皮を食べられるからだ。

それに比べて、動物食を主としたい日本の食肉目の動物たちは大変だ。

日本の食肉目の動物には、イヌ科のタヌキ、キツネ、イタチ科のオコジョ、イイズナ、イタチ、テン、アナグマ、ラッコ、クマ科のツキノワグマやヒグマ、さらには移入動物のミンク（イタチ科）、アライグマ（アライグマ科）、ハクビシン（ジャコウネコ科）、マングース（マングース科）などがいるが、彼らの食物はじつに気の毒だ（ここではアザラシやオットセイなどの日本近海に生息する海獣類をのぞいている)。

ぼくは一年を通じて、東丹沢のタヌキやアナグマ、テン、ハクビシン、クマなどの糞の内容物を見ているが、彼らが動物性の食物を食べたとしても、そのほとんどがミミズ、ムカデ、カマドウマ、甲虫などの土壌動物といわれる環形・節足動物であり、時々サワガニやカエル、トカゲを食べるくらいだ。鳥や魚、ネズミなどの美味しそうな肉を食べているのは、一年に五、六回あるかどうかだ。

夏、キブシの果実は、ブドウ状にたくさんぶら下がる

テンの糞から出てきたキブシという木の果実のタネ

春のサクランボやイチゴの季節から秋のサルナシやカキの季節まで、彼らのお腹を満たすものの大半が果実だ。冬季には、林床の枯れ葉の下に落ちているか、まだ木にぶら下がっている干からびた果実か、岩や木の皮の間や落ち葉の下に潜んでいる越冬昆虫である。

湯河原や丹沢で野生生物の写真を撮ったり観察している野生生物探検隊の仲間と、一月の湯河原の林道で、テン糞を見つけて崩してみた。中身は同じ小さなタネだけであった。そのタネがキブシという木の果実のタネであることがわかった時は、みな驚いた。

夏場のキブシの果実は、ブドウ状にたくさんぶら下がる。だが、この果実は、哺乳類はもちろんのこと、鳥たちも食べないと考えていた。秋になっても緑色で、赤く熟すということがないので、誰も手をつけないで残されていることが多い。果実とはいっても果皮と種子だけで、ほとんど果肉らしいものがないのだ。冬のそれは干からびていてタネを取ったら何の栄養もないもののように思える。

そのように貧弱な栄養価のものを食べているのだ。しかも、種子や果皮は食べても消化されないでウンチとして排出される。

サルやシカやテンを含む野生動物たちはほとんど一日中、朝も昼も夜も動きまわって食物を探している。いつでも食物をたのめば出てくるレストランのような場所は、限られた時季の限られた場所だけである。

だから食物があればできるだけ腹一杯食べておき、身体に栄養を蓄えなくてはならない。その蓄えが脂肪である。

林道でぼくに遭遇してショック死したシカ

日本に生息する野生動物たちは、食物の乏しい冬季に備えてできるだけ食べて身体に脂肪をつける。それこそ内臓脂肪もたくさんつけるのだ。秋のサルやクマやシカは脂肪がたくさんついているが、春になると脂肪がほとんどないような状態となる。

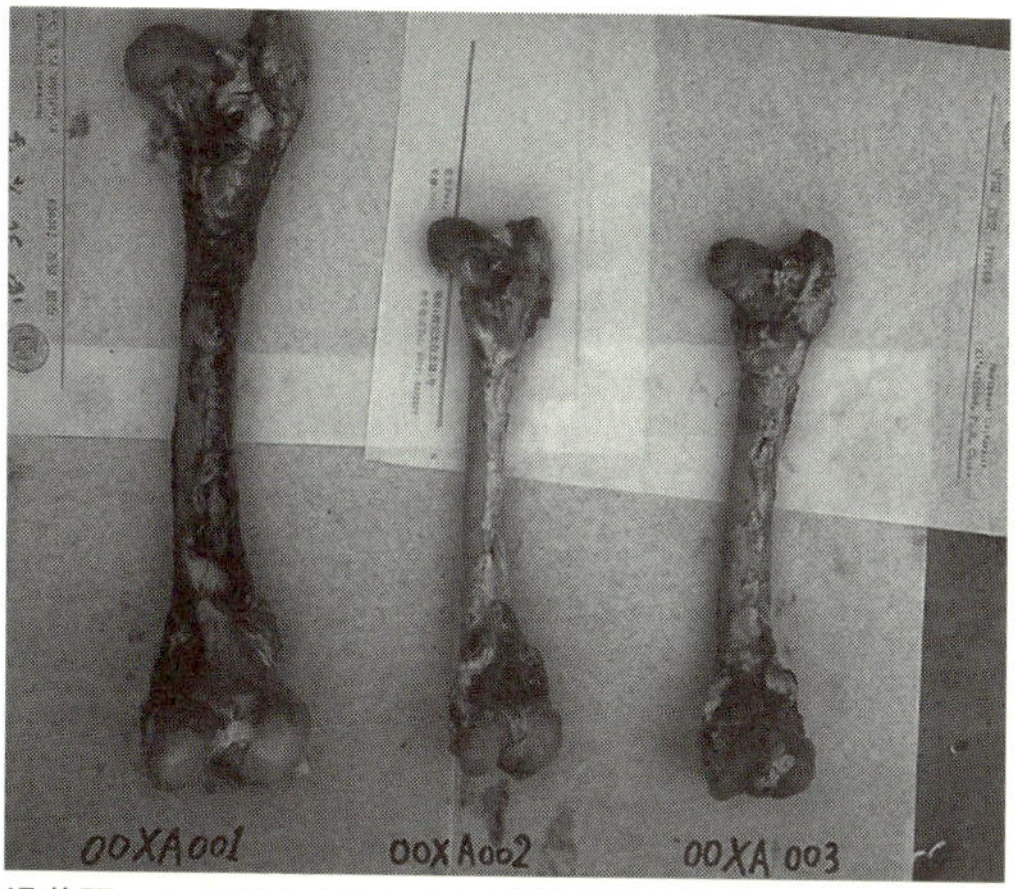

滑落死した３頭のカモシカの栄養状態を調べるために、大腿骨の骨髄の脂肪の量を調べた。比較のために３頭とも右足だ

写真は、中国の秦嶺山脈で二月にキンシコウの調査をしていた時に、断崖から滑落して死亡していたカモシカを発見し、栄養状態を調べるために、日本の若い研究者が大腿骨の骨髄の脂肪の量を調べたものである。栄養状態が悪いと骨髄の脂肪分が少なくなる。写真を撮ったあとで骨を割って調べた。死亡個体はいずれも滑落死なので、白黄色の脂肪がたっぷりあった。

じつは、野生のニホンザルやニホンジカが飢えて栄養不足で死ぬのは、厳冬期の真冬ではなく、雪が解けて木々の新芽が吹き出した春なのだ。

冬季には冬芽や樹皮を食べたりして過ごしているが、積雪時期が長かったりすると食物不足に陥り、春まで何とか生き長らえたとしても、美味しく栄養豊富な新芽を食べる元気がなく、秋までに蓄えた脂肪を使いきってしまい、やせ細り栄養不足で死んでしまうのだ。

ぼくは、日光の男体山の豪雪時季のニホンジカの調査で、かんじきやスキーをつけて歩かなければ腰まで雪に埋まってしまうような林道で、シカに会ったことがある。

シカは驚いて、そのまま、立ったまま硬直して倒れてしまった。深い雪で歩くだけでも体力を消耗するうえに、雪で好物のササも食べることができなくて栄養不足だったのだ。そのため、ぼくに会ったということだけでショック死してしまったのだ。

もちろん死ぬのは秋までにたくさん食べることができなかった老個体や〇～一歳のコドモ、病弱であったり歯が磨耗していたり、歯が欠如してしまっていたりする個体だ。

つまり、野生動物にとっては、できるだけ食べて太ることが命を長らえることになる。食べることができなくなったら死を迎えるのだ。

◉——ヒトのぜいたくな悩み

野生動物の死のおもな原因を知っていたので、歳をとったらできるだけ食べて太ることが長生きの秘訣だとぼくは思っていた。

しかし、現在の日本社会では、中高年の一番の心配事は、食べることによって肥満になり、それが原因となって生活習慣病になることであり、それは中高年のみならずコドモや青年も同じなのである。

ぼくらヒトも動物の仲間であり、つい一昔前までは、食物があるとできるだけ食べて脂肪を蓄えておくような生活をしていたわけである。誰でも美味しそうな食物があれば食べたい。しかもできるだけたくさん食べたい。このような身体の中からわいてくる野生動物時代の食物に対する欲求を、ぼくらは意思の力で抑えなくてはならない時代なのだ。

動物としての食物への衝動を内在しているため、頭では理解しているのに食欲を抑えられないのは当然かもしれない。

食物があふれていて悩むなど、なんて贅沢な時代に生きているのだろうか。

弱いサルこそパイオニア

豊かだとずるずる群れに居残るオスのコドモたち

動物たちが生まれた地域や生まれた集団から出て、異なった地域や集団で生活するのは性によって異なることについて「ニホンザルの婿入り・ヒトの嫁入り」で述べた。

ニホンザルはオスが生まれた群れから分散していき、メスが生まれた群れに残る。しかし、群れで生まれたどんなオスも、五、六歳の思春期のころに群れから出ていくかというとそうではない。

ぼくの長年月の箱根天昭山群での観察では、まだコドモの二歳の時に群れから出ていく個体もいるし、思春期を過ぎた八歳になってもまだ群れに残っている個体もいることがわかった。

ビクーニャ

個体によって群れから出ていく年齢が大きく違うのだ。

箱根天昭山群は、小麦やサツマイモで餌づけされていた。湯河原町が管理人を雇い、餌代を出していた。そのため、毎日どのくらいの小麦やサツマイモが、サルたちに給餌されていたかがわかっていた。

箱根天昭山群は一九五六年に餌づけされて、一九七七年九月まで給餌が続けられていた。餌づけ当初の群れの個体数は五六頭であったが、年々増加していき、一九七二年には一四〇頭まで増加した。

給餌量は一九七四年の石油ショック以来どんどん減少し、とうとう一九七七年には中止されてしま

群れを出ていく前の思春期のオスとコドモオスたち

波勝崎の群れ

鼻の下と右上唇に青黒い入れ墨の跡があるNo.13のゴエモン。波勝崎の群れに入った３頭も入れ墨があったために確認された

った。一九七四年以前の給餌量の豊富な時期と、一九七五年以降の給餌量が減少した時期とで、箱根天昭山群で生まれたオスたちが群れから出ていく年齢や分散の仕方の違いが明らかになったのだ。

餌の量が豊富な時期は遅くまで群れにぐずぐずと残っているが、欠乏した時期はまだ小さいコドモの時に群れから出ていった。

さらに、豊富な時期に群れから出ていったオスは、箱根地域内の隣接した群れに加わっている個体の割合が多かったが、餌が欠乏した時期に群れから離れていったオスは、隣接群では見つかることは少なく、六〇キロも離れた伊豆半島南端にある波勝崎の群れに加入している個体が三頭も見つかった。

つまり食物が欠乏すると、生まれた近隣地域に分散するのではなく、見も知らぬ遠方地域に分散するということだ。

◉——強い者に追い出される

箱根天昭山群の血縁集団間の中には、餌を十分取ることができる優位な集団と、あまり餌を取ることができない劣位な集団があった。優位な血縁集団のオスたちは六、七歳まで群れに残っていたが、劣位な集団のオスたちは三、四歳のまだ思春期に達していないコドモのころに群れから出ていった。

出ていったという表現は正しくないだろう。「出ていく」というのは、オス個体の積極的な行動としての表現だが、正しくは追い出されたというほうが当たっているだろう。

劣位の血縁集団の力の弱い個体は餌を取るのが難しい。群れ内の順位の高いオスたちからはにらまれたり攻撃されたりするし、優位な血縁集団のメスたちからも弾き出される。餌がある場所には近づけなくなるので、優位な個体たちがいる群れから離れることになるのだ。

このような強い個体から追い出されるような分散の仕方は、ニホンザルに限ったことではない。家族生活で両親によって育てられていたキツネやタヌキ、あるいはお母さんに育てられたリスやテンやクマのコドモたちも、親たちによってその行動域から追い出されるのである。決して自ら進んで親元から出ていくわけではない。コドモたちはみな、しぶしぶ後ろ髪をひかれるようにして出ていくのだ。

餌が欠乏するとメスザルも出ていく

箱根天昭山群のニホンザルでは、さらに驚くべきことが発見された。食物が乏しくなると、オスばかりでなくメスも群れから離れていったのだ。この給餌量の減少や給餌中止によるメスの分散は、宮崎県幸島や滋賀県霊山の群れでも確認された。

次ページの上の写真のパークウェー2群に加入していたクロコや、畑宿を根城にしていた須雲川群で見つかったダルマ以外にも、多くのメスたちが箱根天昭山群から分散していった。

ニホンザルは、オスは生まれた群れから出るが、メスは一生涯生まれた群れで過ごすと考えられて

箱根天昭山群から隣接するパークウェー２群に入ったメスのクロコ

浮動しているオス（左）と一緒になって小さな群れを形成したメスのシワコ（中）とダンソウ（右）

きた。

しかも、群れの個体数が増えて群れが二つに分裂したとしても、群れは優位血縁集団のメスたちと、劣位血縁集団のメスたちの二つに分かれ、優位集団のメスたちの群れに劣位集団で生まれたオスたちが入って一つの群れを形成し、他は劣位集団のメスと優位集団に生まれたオスたちによる群れが形成される。さらに、これまで各地の群れで明らかにされたのだが、分裂してできた劣位血縁集団は遠くへ移動することなく、優位血縁集団に隣接して存在するとされてきたのだ。

ところが、箱根天昭山群では給餌量の減少とともに、歯が一本ずつ欠けるように、群れからメスたちが出ていったのである。出ていったメスたちは隣接する群れに入ったり、浮動しているオスと一緒になって小さな群れを形成したり、単独でいたり、さらには箱根以外の地域に分散したとしか思えない個体が続出した。

このように分散は、性によって異なることや、生まれた血縁集団の社会的優劣関係によることや、さらには食物の欠乏という環境悪化によっては、オスばかりでなくメスまでもが生まれた集団を後にすることがわかった。

ニホンザルで観察された出生群からの両性の分散は、他の狭鼻猿のキイロヒヒやアカコロブス、チンパンジー、ゴリラでも見られている。もちろん、齧歯目や食肉目を含む多くの集団生活をする哺乳類でも明らかにされている。

◉——ヒトも食物を求めて移動した

ぼくは北海道釧路生まれの道産子である。母方の祖父が青森県津軽半島のリンゴ農家の三男で、日雇い労働者として釧路に出てきていた。父方は曽祖父の代に三重県員弁《いなべ》郡から北見支庁管内に屯田兵《とんでんへい》として一家そろって出てきた。

いずれにしても食うや食わずで、水を飲んで空腹を満たすような貧しい農家である。津軽郡のリンゴ農家や員弁郡の稲作の地域では、絶対的に劣位な社会的立場であっただろう。その地域の社会的優位なヒトや家族なら、北海道のような稲作もまともにできなかったような冷涼な地には足を向けないだろう。

あるいは、ハワイやブラジル、ペルーなどに家族で移住したヒトたちは、やむにやまれず食べるために、あるいは生きるために見知らぬ異国の地へ出向いたのだ。その社会的地位は、北海道へ移住してきたぼくの祖先たちと変わらないだろう。

厳しい時に、わざわざさらに厳しいと思われる未知の異国の地に向かっていくのはなぜなのだろうか？

青い草を求めて移動・採食するオグロヌー（写真提供／種村由貴）

◉――大陸棚を渡って新天地を求めた動物たち

数十万年前、幾度となく氷河期がやって来て世界全体が氷河で埋めつくされた時があった。ヨーロッパ北部やシベリア、カナダはもちろんのこと、アフリカの高山や赤道付近のニューギニアの高山でさえ氷河で覆われた。

氷河期の海水面は、現在よりも一〇〇メートル以上も下がったようだ。

そのため、現在の五〇メートルや一〇〇メートルの深さの大陸棚となっているところから水がなくなり、それまで離れていた島々との間を動物たちが歩いて行き来できるようになった。

シベリアとアラスカの間にあるベーリング海峡は、氷河期には浅い大陸棚が海面から露出してベーリンジアといわれる大平原となり、陸橋になったことが明らかにされている。

氷河期には、地球上のあらゆるところが冷涼な厳しい環境になり、熱帯の豊かに草木が繁茂する地域には、多くの動物たちが食物を求めて逃げていった。レフュージア（遺存生物地帯）と名づけられた地帯である。

多くの動物たちが、集団をつくって移動しながら食物を求めた。が、食物のある狭いところに多くの動物たちが集まったので、競争が激しくなり、社会的に劣位なものたちはそこから出ていかざるを得なくなった。

草食動物たちは草や葉という食物を求めて、肉食動物たちは食物となる草食動物を求めて、棲みやすく食物が豊富な地から追い出されるようにして、新たな天地を求めて移動していったのだ。

もちろん、追い出されたのは箱根天昭山群で観察されたように、その地域の個体群の中でも社会的に劣位な個体たちだ。彼らは、アジアからシベリアを通り、氷で覆われたベーリンジアを渡って、アラスカへ渡り、太平洋岸沿いに南下し、南米の南の端まで到達している。

マンモスはもちろんのこと、現在、北米に生息するワピチ、ヘラジカ、ヤクやプログホーンなどの偶蹄類、肉食動物のオオヤマネコやピューマなどが、アジアから新大陸に渡り、新大陸からはウマやラクダがアジアに渡ってきた。

現在、南米のアンデス山脈に生息するビクーニャやリャマ、アルパカは、氷河期に南米に取り残されたラクダの仲間である。

いずれにしても、これらの草食獣も肉食獣も、本来の生息地では社会的に劣位な個体たちである。

動物ばかりでなく、ぼくらヒトの祖先も、食物を求めてベーリンジアを渡っていった。ヒトの場合も、社会的に劣位な小さな家族集団が移動していった。

◉──不安定な環境では一気に分布域を拡大

パレオ・インディアンと名づけられているアメリカ大陸に渡った祖先たちのもっとも古い遺跡は、なんと南米南端にあるフェゴ島で見つかっている。つまり、人口の増加とともに少しずつ分布域を拡大していったわけではなく、途中でとどまることなく短期間のうちに移動したのだ。そのくらい氷河期は食物が乏しく厳しかったのだ。

多くの研究者は遺伝子距離などから分布の拡大は徐々にだったと考えているが、それは間違いであろう。安定した環境ならそうかもしれないが、厳しく不安定な環境の場合は一気に分布域は拡大され、そのあとに途中の地域が埋められていったと考えられる。

箱根天昭山群のオスたちが餌量が乏しい時期には、近隣の箱根地域内に分散するのではなく、一気に伊豆半島南端の波勝崎の群れにまで行ったことからも推論できる。

動物ばかりでなく、ヒトも厳しい環境の時には食物を求めて遠方の地に分散していったのだ。

◉——ワカモノたちよ、外へ出よう

ところで、現代の日本のワカモノは海外に出ることにあまり夢を抱かないようだ。ぼくら団塊の世代にとって、海外の地を踏むことは憧れであった。

今の生活が満たされているのなら、未知の世界へわざわざ飛びこむ必要はないだろう。カロリーを摂りすぎないように気をつけなければならないくらい豊かで、食物不足という時代ではないし、世界を知りたいと思えば、インターネットやメールで海外のヒトとやり取りができる。

つまり、動物やヒトを新天地へと駆り立てる食物不足という動機もないし、知的好奇心も居ながらにして満足させることができる。これでは、海外に出たがらないのもうなずける。

しかし、実際に自分の目で見、耳で聞き、舌で味わい、匂いを嗅ぎ、肌で感じた体験は、何物にも代えがたいものだ！

◉参考文献

伊藤嘉昭編　一九九二『動物社会における共同と攻撃』東海大学出版会
榎本知郎　一九九八『性・愛・結婚』丸善ブックス
榎本知郎　二〇〇六『ヒト　家をつくるサル』京都大学学術出版会
河合雅雄　一九六九『ニホンザルの生態』河出書房新社
河合雅雄　一九八四『人類進化のかくれ里　ゲラダヒヒの社会』平凡社
川村俊蔵　一九五八「箕面B群に見られる母系的順位構造――ニホンザルの順位制の研究」Primates, 1 (2): 149-156
グドール・J　杉山幸丸＋松沢哲郎監訳　一九九〇『野生チンパンジーの世界』ミネルヴァ書房
クマー・H　水原洋城訳　一九七八『霊長類の社会』現代教養文庫、社会思想社
クレブス・J・R＋デイビス・N・B編　山岸哲＋巌佐庸監訳　一九九四『進化からみた行動生態学』蒼樹書房
杉山幸丸　一九八〇『子殺しの行動学』北斗出版
瀬戸内寂聴　二〇〇八『源氏物語』講談社文庫
ドゥ・ヴァール・F　西田利貞＋榎本知郎訳　一九九三『仲直り戦術』どうぶつ社
にほんざる編集会議編　一九八三『特集　ヤクシマザルの生態学的・社会学的研究』にほんざる5（財）野生生物研究センター
バートラム・B　小野さやか訳　一九八四『ライオン、草原に生きる――四年間の観察』早川書房
福田史夫　一九八二「ニホンザルのオスの年齢と群間移動の関係」日生態誌　三二：四九一―四九八
福田史夫　一九九二『箱根山のサル』晶文社
ホイットモア・T・C　熊崎実＋小林繁男監訳　一九九三『熱帯雨林　総論』築地書館
宮地伝三郎　一九六〇『アユの話』岩波新書
モリス・D　日高敏隆訳　一九六九『裸のサル』河出書房新社

吉崎昌一＋乳井洋一　一九八〇『消えた平原ベーリンジア――極北の人類史を探る』ＮＨＫブックス
ローレンツ・K　日高敏隆＋大羽更明訳　一九七三『文明化した人間の八つの大罪』思索社
Copeland, S. R., Sponheimer, M., de Ruiter, D. J., Lee-Thorp, J.A., Codron, D., le Roux, P. J., Gimes, V. and Richards, M. P. 2011. Strontium isotope evidence for landscape use by early hominins. *Nature*, 474: 76-78.
Enomoto, T. 1974. The sexual behavior of Japanese monkeys. *J. of Human Evolution*, (3-5): 351-372.
Fukuda, F. 2004. Dispersal and Environmental Disturbance in Japanese Macaques (*Macaca fuscata*). *Primate Report*, 68: 53-69.
Fukuda, F. 1988. Influence of artificial food supply on population parameters and dispersal in the Hakone T troop of Japanese macaques. *Primates*, 29(4): 477-492.
Goldizen, A.W., Mendelson, J., van Vlaardingen, M. and Terborth, J. 1996. Saddle-back tamarin (*Saguinus fuscicollis*) reproductive strategies: Evidece from a thirteen-year study of a marked population. *American Journal of Primatology*, 38: 57-83.
Hrdy, Sara B. 1977. The Langurs of Abu: Female and Male Strategies of Reproducution. Havard University Press.
Inoue, M., Takenaka, A., Tanaka, S., Kominami, R. and Takenaka, O. 1990. Paternity discrimination in a Japanese macaque group by DNA fingerprinting. *Primates*, 31(4): 563-570.
Koyama, N. 1970. Changes in dominance rank and division of a wild Japanese monkey troop in Arashiyama. *Primates*, 11(4): 335-390.
Macdonald, D. ed. 2001. The new encyclopedia of mammals. Oxford University Press.
Takahata, Y. 1982. Social relation between adult males and females of Japanese monkeys in the Arashiyama B troop. *Primates*, 23: 1-23.
Tinbergen, N. 1951. The Study of instinct. Oxford University Press.
Watanabe, K. 1979. Alliance formations in a free-ranging troop of Japanese macaques. *Primates*, 20(4) : 459-474.

【著者紹介】

福田史夫（ふくだ・ふみお）

一九四六年、北海道釧路市生まれ。横浜市立大学卒業。京都大学博士（理学）。動物社会・生態学・霊長類学専攻。

学生のころからニホンザル、タイワンザルの調査を行ない、チンパンジー、キンシコウの調査に従事する。

現在、慶應義塾大学、東京コミュニケーションアート専門学校の非常勤講師や西北大学の招聘教授を務めながら、知人や学生たちと丹沢山塊のニホンザルを含む野生動物の調査を行なっている。週に一度は丹沢を歩いている。

おもな著書に、『箱根山のサル』（晶文社）、『アフリカの森の動物たち――タンガニーカ湖の動物誌』（人類文化社）、『野生動物発見！ガイド――週末の里山歩きで楽しむアニマルウオッチング』『頭骨コレクション――骨が語る動物の暮らし』（ともに築地書館）など。

ホームページ：http://members2.jcom.home.ne.jp/fumio.fukuda/index.html

ヒトの子どもが寝小便《おねしょ》するわけ——サルを1万時間観察してわかった人間のナゾ

二〇一二年七月三一日　初版発行

著者——福田史夫
発行者——土井二郎
発行所——築地書館株式会社
東京都中央区築地七-四-四-二〇一
電話〇三-三五四二-三七三一　ＦＡＸ〇三-三五四一-五七九九
ホームページ：http://www.tsukiji-shokan.co.jp/
振替〇〇一一〇-五-一九〇五七
印刷・製本——シナノ印刷株式会社
組版・装丁——新西聡明
イラスト——戸谷諭美

 ISBN 978-4-8067-1442-2 C0045

くわしい内容はホームページで。URL=http://www.tsukiji-shokan.co.jp/

●築地書館の本

砂　文明と自然

マイケル・ウェランド［著］林裕美子［訳］三〇〇〇円＋税

ジョン・バロウズ賞受賞の最高傑作、待望の邦訳。波、潮流、ハリケーン、古代人の埋葬砂、ナノテクノロジー、医薬品、化粧品から金星の重力パチンコまで、不思議な砂のすべてを詳細に描き、果てしなく広がる砂の世界を私たちに垣間見せてくれる。

チョコレートを滅ぼしたカビ・キノコの話

植物病理学入門

ニコラス・マネー［著］小川真［訳］二八〇〇円＋税

恐竜の絶滅から生物兵器まで、地球の歴史、人類の歴史の中で大きな力をふるってきた生物界の影の王者カビ・キノコの知られざる生態を、豊富なエピソードを交えて描く植物病理学の入門書。

犬の科学

ほんとうの性格・行動・歴史を知る

スティーブン・ブディアンスキー［著］渡植貞一郎［訳］

◎6刷　二四〇〇円＋税

遺伝学、認知科学、心理学などが犬にまつわるストーリーをつくり替えようとしている。新時代のサイエンスライターが、犬の世界をわかりやすく解説。

狼　その生態と歴史

平岩米吉［著］◎4刷　二六〇〇円＋税

ニホンオオカミの生態と歴史の集大成。犬科動物の研究では第一人者といわれる著者が、数十年にわたって収集した正確な資料と、狼と生活をともにした実体験を含めた、科学的な観察と分析により、ニホンオオカミの特徴や大きさ、性質、残存説などを検証する。